Andreas Kwias

Geheimprojekt Opel Kadett B:

C20XE DOHC 2.0 16V Umbau

Bibliografische Information der Deutschen Nationalbibliothek:
Die Deutsche Nationalbibliothek verzeichnet diese Publikation in der Deutschen Nationalbiografie, detaillierte Bibliografische Daten sind im Internet über http://dnb.dnb.de abrufbar.

1. Auflage (s/w)

Herstellung und Verlag:
BoD - Book on Demand, Norderstedt

ISBN 978-3-7412-6719-2

"Es gibt zwei Regeln für den Erfolg im Leben: 1. Erzähl anderen nicht alles, was Du weißt."

(Zitat aus dem Internet)

Inhaltsverzeichnis

"Lieber Gott im Himmel, wir danken Dir für die Erfindung der direkten Lachgaseinspritzung und des Forecore Intercoolers, des kugelgelagerten Turboladers und für die Ventilfedern aus Titan.

Amen."

(Zitat aus dem Film "The Fast and the Furious")

Danksagung

Ganz herzlich möchte ich folgenden Mitmenschen von Herzen meinen Dank aussprechen, ohne die dieses Projekt sicher länger gedauert hätte und ich vermutlich noch immer damit beschäftigt wäre. Für mich persönlich hätte es nur einen Grund gegeben, dieses Projekt abzubrechen: Den Tod.

Mein ganz besonderer Dank gilt:

Meinem Vater (Danke für alles Paps, ruhe in Frieden), Günther Arlautzki (Auch Dir meinen Dank, ruhe in Frieden), meiner Schwester Melanie Kwias (Mithilfe Korrektur), Peter und Kirsten Muhr (für alles), Friedhelm Schulte (Projekt Vorderachse CIH), den Teilnehmern der BaE KFZ 2008 - 2012 (Internationaler Bund gGmbH in Herne), Knoop Motorsport in Mülheim und dem Entwicklungsteam von Scribus 1.4.2!

Einen riesengroßen Dank an meine Frau Diane und meinen beiden Söhnen Luke und Till. Für die Unterstützung und das Verständnis, welches zwar nicht unendlich, aber glücklicherweise ausreichend vorhanden war.

"Das war mehr ein Brot- und Butter-Auto. Der Rekord C war eigentlich das erste Produkt, das komplett von uns, von unserer Abteilung kam. Der Kadett B? Oh nein, dieser Wagen kam sozusagen fertig von Michigan. Wir haben die Ornamentierung gemacht und etwas vom Innenraum..."

(Zitat: Erhard Schnell, Designchef Opel, Rüsselsheim)

Vorwort

Im Prinzip war die Ausgabe 4/93 der Szenezeitung "Flash" Schuld. Dank des Berichtes über den Opel Kadett B "Hot Orange" wollte ich nun unbedingt auch so ein extrem cooles Auto. Allerdings sollte es noch ein paar Jahre dauern bis ich schließlich "meine" Opel Kadett B Limousine mit sportlichem 1.2S Motor fand. Sie wurde im August 1973 das erste Mal in Hamburg dank dem Dello Opel Autohaus zugelassen, hergestellt wurde sie laut Typenschild im gerade frisch geschlossenen Bochumer Opel Werk. Ich kaufte sie in Gelsenkirchen während meiner Bundeswehrzeit im Sommer 1997 für stolze 3200,- DM. Aufmerksam auf dieses Stück wurde ich im Anzeigenteil der Eingangs erwähnten, damals noch halbwegs lesenswerten Opel Scenezeitung "Flash". Das Internet steck-

te zu dieser Zeit ja noch in den Kinderschuhen und war beim Autokauf noch keine große Hilfe. Im Zuge der später durchgeführten Restauration "überarbeitete" ich unter anderem auch den Motor ein wenig. Zuvor war ein "Burnout" selbst mit den 155er Schmalspurreifen kaum möglich, später klappte es dann sogar noch mit den 175/50 R13 auf Revolution MX-Line in 8x13 ET-5. Die Limo fuhr sogar so gut, dass ich es für eine kurze Zeit in keinster Weise bereute, sie im Zuge der Restauration nicht doch mit einem "größeren" Motor ausgestattet zu haben. Ein solcher Umbau hätte einige schwerwiegende Änderungen an der Karosserie erfordert und ich hätte dafür einige äußerst teure, weil rare, Umbauteile benötigt. Aber nicht nur das Geld fehlte, sondern auch die Zeit. Leider hielt diese Freude nicht besonders lange. Eines Nachts, ich war unterwegs mit voll geöffneter Drosselklappe in Richtung Heimat, passierte es: Innerhalb kürzes-

ter Zeit wurde das kleine Motörchen richtig laut! Die Öldruckleuchte flackerte wie verrückt und erlosch im Anschluss eigentlich nur noch bei stark erhöhter Motordrehzahl. Und das Motorengeräusch! Die Motorleistung war nicht nur merklich gesunken, sie war eigentlich gefühlt garnicht mehr vorhanden. Das war das Ende. Ein kapitaler Motorschaden!

Da es dank der Restauration auf den ersten Blick eigentlich ein sehr schönes Auto war, wollte ich es nur sehr ungern auf dem dankeswerter Weise gerade eben so erreichten, unbeleuchteten und unbewachten Autobahnrastplatz alleine über Nacht zurücklassen. Okay, zumindest schafften wir es tatsächlich im Stockdunkeln per Anhalter nach Hause. Gedanklich befasste ich mich eigentlich nur noch damit, wie ich das Auto schnellstmöglich nach Hause bekommen würde. Aus lauter Verzweiflung schleppte ich am nächsten Tag die Limo mit einer Arbeitskollegin in stundenlangem, schweißtreibendem Schneckentempo über unzählige Landstraßen in meine Werkstatt. Mein damaliger Chef besaß zwar einen tollen Abschleppwagen, hatte aber leider keinen Bock mir zu helfen. Schönen Dank nochmal an dieser Stelle. Hat aber trotzdem wider Erwarten echt super geklappt.

Ein eilig vom Verwerter organisierter Ersatzmotor verschaffte nicht einmal ansatzweise Befriedigung. An Spaß war so in keinster Weise mehr zu denken. Also noch einmal einen kleinen OHV-Motor zerlegen und viel Zeit, Geld und Nerven in eine kleine, tackernde Nähmaschine stecken? Und sie dann später wieder mit Handfeger und Kehrblech von der Straße aufsammeln? Nein, danke.

Irgendwie besaß ich mittlerweile echt keine Lust mehr auf diesen Vorkriegskram. Für mich stand nun fest: Entweder würde ich einen leichten Motor mit ordentlich Leistung einbauen, oder die Kiste kommt weg.

Wie meine Entscheidung fiel, dürfte ja wohl schon anhand des vorliegenden Buches so ziemlich jedem klar sein. Was sich allerdings so einfach liest, war in Wirklichkeit ein richtig steiniger und langwieriger Weg.

Ein sogenannter "CIH"-Motor aus der damaligen Produktionszeit kam für mich auf keinen Fall in Frage. Einen derartigen Aufwand, einen großen, schweren, leistungsschwachen Eisenhaufen in mein Auto zu bauen, welches im Anschluss den Fahreigenschaften in Kurven einer Schubkarre in nichts nachstehen würde, stand für mich komplett außer Frage. Und für eine brauchbare Leistungssteigerung müsste ich vermutlich einen fetten Kredit aufnehmen.

Ich wollte Dampf für den schmalen Taler. Der Motor sollte leicht, kompakt und optisch ansprechend sein. Der Kühler sollte ausserdem weiterhin hinter dem Schlossträger Platz finden. Allenfalls ein bisschen breiter dürfte er sein. Nach eifriger Recherche gab es dann eigentlich nur noch eine Möglichkeit: Der sagenumwobene C20XE!

Die Fakten sprechen doch schon auf dem Papier für sich: Sechzehn Ventile, Aluminiumzylinderkopf von Cosworth, zwei Nockenwellen, halbkugelförmiger Brennraum, natriumgekühlte Auslassventile, vollsequentielle Einspritzung, Schmiedekolben, Klopfsensor, Fächerkrümmer aus Edelstahl, Aluminiumölwanne, Aluminiumventildeckel, Ölkühler und letztenendes ein wirklich sehr schönes Erscheinungsbild!

Dieses edle Teilchen in einer äußerst attraktiven, alten Hülle gesteckt würde sicherlich etwas hermachen. Und das trotz des Gummibandes zwischen Kurbel- und Nockenwellen!

Und nun, viel Spaß beim Lesen!

"Wir wissen das. Die Chinesen wissen, das wir es wissen. Aber wir tun immer so, als ob wir es nicht wissen und die Chinesen tun immer so, als ob sie glauben, das wir es nicht wissen. Aber sie wissen, das wir es wissen. Also wissen es alle."

(Zitat aus dem Film "Alarmstufe Rot 2".)

Reihenfolge

In der nachfolgenden Liste habe ich, sofern ich nichts vergessen habe, alle einzelnen Arbeitsschritte in der von mir durchgeführten Reihenfolge aufgelistet. Jeder einzelne Schritt war nötig, um aus dem schwachbrüstigen, leicht amerikanisch dreinschauenden "Brot-und-Butter"-Auto ein Spielzeug zum "Reifenmarkenriechen" und "Leute verblüffen" zu basteln.

Die Reihenfolge hat sich im Laufe der Zeit so ergeben, weil ich sie eben für logisch empfand. Hinzu kam, das zum Beispiel auch mal Teile fehlten, ich auf bestimmte Arbeiten gerade keine Lust hatte, ich für das eine oder andere zu dem jeweiligen Zeitpunkt einfach zu blöd war, das Wetter schlecht war, ich wieder irgendetwas kaputt gemacht hatte oder was weiß ich noch alles.

Im Grunde zählt für mich nur eines:

Ich hab es durchgezogen.

Punkt.

Here we go:

- Kühler ausgebaut (wird nicht mehr benötigt, verkauft)
- Motorhaube abgebaut
- Motor 1.2 OHV ausgebaut (wird nicht mehr benötigt, verkauft)
- Tank ausgebaut (zu schade zum umbauen, verkauft)
- Heizung Motorraum ausgebaut (Mein persönliches Reizthema #1. Kurzversion: Ab in den Müll damit)
- Hinterachse zusammen mit Kardanwelle ausgebaut (wird bis auf den Hinterachsstabilisator, beiden Längslenkern und dem Panhardstab nicht mehr benötigt, verkauft)
- Auspuffanlage 1.2S komplett ausgebaut (wird nicht mehr benötigt, verkauft)
- Hinterachse Opel GT CIH 3,44 komplett provisorisch eingebaut
- Getriebe OHV Sport ausgebaut (wird bis auf den Schaltknüppel nicht mehr benötigt, verkauft)
- Innenraum ausgebaut (Originalsitze und statische Gurte werden noch benötigt, Teppich wurde verkauft.)
- Bremskraftverstärker und Hauptbremszylinder ausgebaut (werden nicht mehr benötigt, ausser der Druckstange für das Bremspedal und dem Bremskraftverstärkerhalter am Innenkotflügel)
- Pedalerie ausgebaut
- Heizung Innenraum ausgebaut (Müll)
- Ausgeschnittenen Getriebetunnel Opel Kadett B Automatik gesäubert
- Getriebetunnel OHV Schaltwagen grob ausgeschnitten
- Getriebetunnelreste an der Karosserie durch Schweißpunkte aufbohren entfernt
- Radaufhängung links zerlegt
- Radaufhängung rechts zerlegt

- Lenkgetriebe und Vorderachskörper OHV ausgebaut
- Sämtliche Leitungen und Halter am Unterboden entfernt (werden durch eigene ersetzt)
- Originale Auspuffhalter Endschalldämpfer entfernt (werden durch eigene ersetzt)
- Endschalldämpfer Lexmaul Kadett C 50 Millimeter mit neuen Haltern provisorisch montiert
- Halter Endschalldämpfer angeschweißt
- Auspuffanlage Lexmaul Kadett C zerteilt, Halter vom Mittelschalldämpfer entfernt
- Originaler Gasgestängehalter entfernt (wird nicht mehr benötigt)
- Unterer Kühlerhalter entfernt (wird nicht mehr benötigt)
- Kühlerhalter rechts und links entfernt
- Halter am Mittelschalldämpfer angeschweißt
- Verbindungsrohr Mittelschalldämpfer zum Endschalldämpfer zusammengeschweißt
- Stabilisatorhalter an Hinterachse Opel GT provisorisch angeschweißt (besaß leider keine ab Werk)
- Befestigungspunkte Anschlagpuffer für Mittelschalldämpfer und Endschalldämpfer am Unterboden angezeichnet
- Verlegung Kraftstoffleitung und Platzierung Kraftstofffilter angezeichnet
- Auspuffanlage und Hinterachse demontiert
- Kraftstoffpumpeneinheit am Unterboden unter dem Tank befestigt
- Halterung Kraftstofffilter am Unterboden vom Innenraum aus unter Rückbank rechts angeschweißt (2x Mutter M6)
- Befestigungen der Anschlagpuffer angeschweißt (2x Mutter M8)
- Stabilisatorhalter Hinterachse Opel GT fertig geschweißt
- Hinterachse Opel GT Öl abgelassen und außen grob gesäubert

- Halter Kraftstoffleitung hinten angeschweißt (Schrauben M6x15)
- Automatik Getriebetunnel eingeschweißt
- Hinterachse zerlegt zwecks Einbau von verstärkter Deichselwelle für die Hinterachsverlängerung (siehe Probefahrt)
- Motor C20XE aus einem Opel Calibra 4x4 16V gekauft mit allen Anbauteilen außer Katalysator und Lambdasonde
- Vorderachse Opel Kadett B CIH Eigenbau, Motorhalter Eigenbau (erhältlich unter 0172/2434532 als Bausatz oder komplett einbaufertige CIH Vorderachse),
- Hinterachsverlängerung, Hinterachshalterung und einstellbaren Panhardstab (umgebautes Originalteil) sandstrahlen lassen, lackiert
- Hinterachse entfettet, entrostet, mit Fertan Rostumwandler behandelt, grundiert
- Recaro Sitzkonsolen (aber dann doch nicht verbaut), Bremstrommeln Opel GT CIH, Tank (umgebaut auf Einspritzer) und Hinterachse mit Zweikomponentenlack "schwarz" lackiert
- Opel GT CIH Achsschenkel und Radnaben mit Fertan Rostumwandler behandelt, lackiert
- Bremsscheibenabdeckungen vorne Opel Ascona B 2.0E an Opel GT CIH Achsschenkel angepasst
- Schwenkhebel Opel GT CIH mit Fertan behandelt
- Radlager vorn erneuert
- Hinterachse Alu-Differentialdeckel montiert (scheuert am Panhardstab, Nacharbeit an den Kühlrippen notwendig!)
- Ölansaugrohr Opel Calibra 16V modifiziert (hartgelötet)
- Ölwanne Opel Manta 1.8S montiert
- Zylinderkopf Stehbolzen Auslasskrümmer erneuert
- Bremsleitungen an der Hinterachse erneuert
- Tacho, Armaturenbrett und Lenksäule ausgebaut
- Schwungscheibe ausgebaut und erleichtern lassen
- Vorderachse komplett provisorisch eingebaut

- Pilotlager, Schwungscheibe und Kupplung montiert
- Hinterachse zusammengebaut, provisorisch eingebaut, Bremse hinten erneuert
- Motor eingehangen mit selbstgebauten Motorhaltern und original Opel Kadett B 1.9S Motorgummis (leider zu weich)
- Getriebetunnel im Bereich Schaltknüppel teilweise ausgeschnitten
- 5-Gang Getriebe "Getrag 240" aus Opel Rekord E 1.8S provisorisch eingebaut (Kupplungshebel links)
- Schaltkulisse/Gestänge geändert (Schalthebel um 110 (!) Millimeter nach vorne versetzt)
- Kardanwelle ausmessen, um 100 Millimeter kürzen lassen, provisorisch eingebaut
- Original Doppel-Riemenscheibe auf 17 Millimeter Dicke abdrehen lassen, provisorisch montiert (später durch Aluminiumteil ersetzt)
- Getriebetunneloberteil Opel Kadett B 1.2S provisorisch eingeschweißt
- Schaltknüppel Unterteil Opel Rekord E 1.8S und Schaltknüppel Oberteil Opel Kadett B 1.2S zusammengeschweißt (aber für Getriebedemontage abschraubbar)
- Spritzwand Bereich Heizung großzügig herausgetrennt
- Verteiler in der Spritzwand in Blech gefasst
- Heizungskasten Innenraum umgebaut (wurde aber wieder verworfen, absolute Zeitverschwendung)
- Kühlerhalter provisorisch eingeschweißt
- Getriebe auf ca. 60 bis 70 Millimeter Distanz vom Motor eingebaut (zwecks Maßermittlung für Getriebetunnel zum späteren Getriebeausbau auch bei eingebautem Motor)
- Getriebetunnel Beifahrerseite provisorisch verschlossen
- Schraubbare Wartungsklappe Getriebetunnel Fahrerseite hergestellt
- Stahlfächerkrümmer vom Opel Calibra 4x4 16V auf Opel

Kadett B umgeschweißt
- Thermofühler im Thermostatgehäuse entfernt und Gewindelöcher verschlossen (Hartlöten)
- Verlängerung/Halter Bremskraftverstärker hergestellt
- Tunnel in Spritzwand für Heizungsanschlussstutzen und Ölmessstab erstellt
- Überrollbügel provisorisch eingebaut
- Kabelbaum grob angepasst
- Racimex Ölkühler eingebaut am originalen C20XE Ölfilteradapter samt Ölfilter W712/22
- Lambdasonde und Katalysator aus Opel Vectra 1.6i verbaut
- Längeres Zündkabel (ca. 600 Millimeter) Klemme 4 → Zündspule montiert
- Masseband für Motor (Länge 250 Millimeter) und Getriebe (Länge 200 Millimeter) montiert
- Kraftstoffleitung montiert mit Kraftstofffilter
- Gasgestänge/Gaszug aus Originalteilen Opel Kadett B 1.2S/ Calibra 4x4 16V hergestellt und montiert
- Kurbelwellensensor erneuert (war defekt, Motor lief nicht)
- Luftfilterkasten hergestellt für K&N Sportluftfilter Nr. 33-2162 (aus Suzuki Baleno 1.8 16V; wird später ersetzt)
- Bremsleitungen hergestellt: Vom Hauptbremszylinder nach Bremssattel vorne links und nach hinten komplett
- Auspuffkrümmer bei Verbindungsstelle 4 in 1 nachgeschweißt (undicht)
- Einspritzventile geprüft und mit 8 neuen Dichtungen (je 3,90 €, nur bei Opel erhältlich! Abmessungen: Stärke 3,5 Millimeter; Durchmesser außen 14,5 Millimeter; Innen 8,5 Millimeter) eingesetzt
- Ansaugstutzen an Ansaugbrücke für Bremskraftverstärker provisorisch verschlossen (Motor läuft!!!)
- Wasserverteilerrohr mit 2x Temperaturfühler und Thermoschalter hergestellt (inklusive zusätzlichem Massekabel zur

Karosserie)

- Drosselklappenvorwärmung stillgelegt (wird nicht mehr benötigt)
- Kühler oben um 20 Millimeter nach vorne versetzt (Halter am Kühler umgeschweißt)
- Elektrischer Kühlerlüfter nachgerüstet
- Haubenlifte vom VW Golf 2 nachgerüstet, nachträglich obere „schräg angewinkelte“ Kugelkopfhalter durch „gerade“ ersetzt.
- Thermofühler vom Opel Calibra durch Thermofühler für den Opel Kadett B“ ersetzt (andere Widerstandswerte/fehlerhafte Anzeige im Cockpit bei Zimmertemperatur "Calibra" = 1230 Ω, "Kadett B" = 680 Ω)
- Drehzahlmesser angeschlossen und Motorkontrollleuchte inklusive Schalter zum Fehlercode "ausblinken" montiert
- Kabelbaum endgültig verlegt und verkleidet
- Halter Bremsleitung Unterboden hinten angeschweißt
- Heizungsschläuche mit Heizungsventil provisorisch verlegt (und verworfen)
- Seitlicher Zusatzhalter für Bremskraftverstärker aus Originalteil Opel Kadett B 1.2S angepasst
- Auslasskrümmer mit Hitzeschutzband umwickelt
- Kraftstoffpumpeneinheit inklusive selbstgebauter Abdeckung (später in Wagenfarbe lackiert) montiert
- 2x Elektrisches Heizungsgebläse (mit Heizwirkung!) aus BMW E30 Cabrio unter Armaturenbrett je links und rechts an den originalen Austrittsöffnungen verbaut
- alles wieder ausgebaut (aber auch wirklich alles)
- Bremsleitung vom Hauptbremszylinder zum Bremssattel vorne rechts hergestellt
- Unterboden, Kofferraum, Innenraum, Motorraum, Getriebetunnelabdeckung, Kraftstoffpumpenabdeckung gesäubert, grundiert, Steinschlagschutz aufgebracht, stellenweise ge-

füllert, geschliffen, 2K-Lack "Granitgrau" aufgebracht

- Vorderachse, Lenkgetriebe und Bremsleitung vorne rechts montiert (vor dem Motoreinbau!)
- Kupplungsscheibe durch Neuteil vom Opel Calibra 16V Turbo ersetzt
- Zahnriemen komplett erneuert
- Motor eingebaut, EINBAUREIHENFOLGE BEACHTEN!!!
- Kraftstoffpumpeneinheit montiert
- Getriebe "Getrag 240" eingebaut
- Hinterachse eingebaut
- Stoßstangen und Beleuchtung montiert
- Tür-, Seitenverkleidung und Rückbank montiert
- Teppich selbst hergestellt (Provisorium für 2,- € der m²)
- Überrollbügel montiert
- Tachoantrieb Zahnrad „blau“, Tacho W=666 verbaut, Tachoskala testweise erweitert auf 220 km/h
- Armaturenbrett komplettiert, Fehlersuche „Lüfterschalter“ (Chaos beim Einschalten, vielen Dank für die Herausforderung!)
- Panikgriffe und Innenraumbeleuchtung montiert
- Bremskraftverstärker und Hauptbremszylinder montiert, entlüftet (klappte leider nicht wegen vergessener Feder am Bremspedal, somit verschlossene Nachlaufbohrung im Hauptbremszylinder!)
- Motorhaube mit Haubenlifte montiert
- Getriebe und Hinterachse mit Öl befüllt
- Trommelbremse hinten, Handbremsseil, Brems- und Kraftstoffleitungen montiert
- Kardanwelle montiert
- Vorder- und Hinterachse provisorisch eingestellt (Nachlauf, Spur, Achsversatz)
- Auspuffanlage montiert, leicht abgeändert
- Stahlfelgen Mangels Chrom 7x15 ET35 mit 195/50 R15 und

5mm Spurplatten rundrum montiert

- Probefahrt 50 Meter (1. Kurzzeitkennzeichen 13.09. - 17.09-2012), zurück im Schritttempo (starke Geräusche im Bereich Hinterachse)
- Statt der verstärkten "#*+%$§!!!"-Welle wieder die Serienwelle in die Hinterachsverlängerung gesteckt! Zum Glück möglich ohne Hinterachsedemontage!
- Achsvermessung, Abgasuntersuchung
- Probefahrt ca. 150 Kilometer (das hat richtig Spaß gemacht)
- Stoßstange hinten nachbearbeitet (sie klapperte allen ernstes hinten links an der Seitenwand bei starker Beschleunigung!)
- Provisorisches Gasgestänge komplett überarbeitet (Drosselklappe ging nicht zu 100% auf, Leerlaufschalter wurde sporadisch nicht betätigt)
- Ölablassschraube Motor mit Aludichtring und Teflonband abgedichtet (bleibt trotzdem leicht undicht)
- Kühlergrill im unteren Befestigungsbereich mit Gummipuffern versehen (auch dieser klapperte)
- Innenraumleuchte und Kennzeichenleuchte repariert
- Alle Schrauben nachziehen (aber wirklich alle!)
- Hinterachse Achsverlängerung Gummilager erneuert
- Lenkmanschetten befestigen (hatte die Schellen wegen der Achsvermessung abgelassen, Spurstangen mussten dabei ja verdreht werden)
- Gasgestänge neu gebaut (Grund: Es war totaler Murks)
- Motorhaube eingestellt
- Stoßstange hinten zentriert
- Tachofolie erneuert (war ja nur provisorisch, aber jetzt schaut sie meiner Meinung nach nahezu perfekt aus)
- Kennzeichenleuchte repariert
- Fahrt zum TÜV
- Anmeldung

- Einmotten
- Opel GT Lenkrad mittels selbstgebautem Adapter auf Lenkradnabe Opel Kadett B montiert
- Zentralverriegelung repariert (Kabelbruch Kabeldurchführung A-Säule links)
- K&N Sportluftfilter Nr. 33-2162 ersetzt durch Pipercross Filter Nr. PP1698-DRY (auch für Suzuki Baleno 1.8 16V)
- Gaszug nach Test auf dem Hockenheimring komplett verworfen und Gasgestänge komplett neugebaut
- Kühlergrill modifiziert
- Stoßstange hinten erneuert
- Auspuffanlage ab Katalysator erneuert, alle Haltegummis durch hitzebeständige Rennsportteile ersetzt
- Motor optisch angepasst: Ventildeckel und Zahnriemenabdeckung verchromt, Zündkerzenabdeckung schwarz matt
- Überlaufschlauch Motorkühler erneuert

Kate: "ALF, Du arbeitest?"
ALF: "Ich versuche zu arbeiten. Das ist viel anstrengender."

(Zitat aus Fernsehserie "ALF".)

Motorausbau

Nachdem ich mich also doch für den Kadett entschied, machte ich mich irgendwann im Jahre 2005 an die Arbeit, die Limo komplett zu zerlegen. Die für den Umbau benötigten Teile besaß ich zwar noch nicht, da aber ohnehin ein Riesenhaufen Arbeit auf mich wartete, würde ich zumindest gefühlt alle Zeit der Welt haben, die fehlenden Teile nach und nach zu beschaffen.

Trotz des festen Entschlusses, dieses aufwendige Umbauprojekt durchzuziehen, war es schon ein merkwürdiges, fast schon beklemmendes Gefühl, den unteren Kühlerschlauch auszubauen und das Kühlwasser abzulassen. Eine vorherige Absprache mit dem TÜV? Vergaß ich zum Glück.

Also verwandelte ich den Kadett innerhalb kürzester Zeit von dem "fahrbereiten" in den "nicht mehr fahrbereiten" Zustand. Außerdem wusste ich, dass ich die meisten Teile, die ich nun in der nächsten Zeit ausbauen würde, in nächster Zukunft nicht mehr brauchen würde. Einige wenige Teile würden wieder ihren Weg zurück an das Auto finden, andere wiederum nicht.

Das erste echte Bauteil, welches ich ausbaute, war der Wasserkühler. Dafür musste ich nur noch den oberen Kühlerschlauch abbauen. Um eines vorwegzunehmen: Ja, selbstverständlich entsorgte ich alle anfallenden Flüssigkeiten fachgerecht. Es wird vermutlich in jeder größeren Stadt eine Sammelstelle geben, bei der man als Privatperson in kleinen Mengen alle anfallenden Reststoffe fachgerecht und kostenlos entsorgen kann. Informiert euch einfach mal, unsere Nachfahren werden vieleicht einmal dankbar dafür sein. Aber andersherum finden die Menschen vieleicht doch noch einen Ersatzplaneten, dann wäre allerdings der Umweltschutz komplett für die Katz.

Nun musste ich noch von unten die Sechskantmutter der Größenordnung "M8" am Wasserkühler abschrauben, dann konnte ich den Wasserkühler endlich vorsichtig nach oben herausziehen.

Alle anfallenden Teile, bei denen ich mir sicher sein konnte, sie nicht mehr zu benötigen, verkaufte ich. Das funktionierte in den meisten Fällen sogar unproblematisch dank des Internet, mit Hilfe eines Onlineauktionshauses. Für den süßen, kleinen Wasserkühler zum Beispiel, mit selbst nachgerüstetem Elektro-Lüfter (aus einem Renault 19 vom Verwerter) und einem nachträglich integriertem Thermoschalter (mittels aufgelöteter Mutter durch einen Kühlerfachbetrieb für einen schmalen Taler) eines Opel Corsa A (den mit OHV-Motor) erzielte ich 42,- €. Der Idealzustand wäre, wenn sich der Umbau durch den Verkauf der nicht mehr benötigten Teile selbst finanzieren würde. Das dies leider ein Wunschtraum bleiben würde, war ja klar, dennoch war es schon eine große finanzielle Hilfe, da ich jedes Mal den vollen Erlös direkt wieder in das Umbauprojekt gesteckt habe.

Nun ging es langsam ans Eingemachte, denn ab jetzt würde eine Rückkehr kaum mehr im vernünftigen Rahmen möglich sein. Der Ausbau des Motors stand auf dem Plan. Wieder war dieses beklemmende Gefühl da, als ich die Batterie abklemmte. Um überhaupt vernünftig unter brauchbaren Lichtverhältnissen arbeiten zu können, baute ich als erstes kurzerhand die Motorhaube ab. Man muss sich stets vor Augen führen, dass ich den kompletten Umbau in einer kleinen, muffigen, vollgestellten Doppelgarage mit dunkler Neonbeleuchtung vollzog. Würden diese Arbeitsbedingungen unter dem Deckmantel des Arbeitsalltages in einem Dritte-Welt-Land publik gemacht werden, wäre der Aufschrei der Öffentlichkeit über Wochen mit Sicherheit riesengroß. Ich tat dies über Jahre nahezu freiwillig, ganz ohne irgendeine finanzielle Entlohnung.

Zurück zur Motorhaube. Der Ausbau ging, egal wie unglaublich es klingen mag, wunderbar alleine vonstatten. Dies war ein weiterer Punkt, der es mir überhaupt erst ermöglichte, dieses Projekt zu realisieren. Ich musste alles irgendwie alleine ausführen können. Jegliche Abhängigkeit hätte das Projekt in gewisser Weise mehr oder weniger "gefährdet". Dies konnte ich auf keinen Fall zulassen. Ich "unterfütterte" also die

beiden unteren Ecken der Motorhaube im Bereich der Windschutzscheibe mit einem dicken Schwung Putzlappen. Da die Haubenstange die Motorhaube unabdingbar offen hielt, konnte ich in aller Ruhe auf beiden Seiten die Schrauben "M6" an den Haubenhaltern nach und nach abschrauben und so die Motorhaube auf die vorher bereitgelegten Putzlappen herunterrutschen lassen. Würde man einem amerikanischem Comic-Helden in Form eines Seemannes Glauben schenken, wäre es jetzt der richtige Zeitpunkt, eine Portion rohen Spinat mit bloßen Händen aus einer Konservendose herauszuquetschen um das Zeug herunterzuwürgen. Da ich an dieser Form des plözlichen Kraftzuwachses zweifelte, stellte ich mich nach guter, alter Manier vor die Kühlerfront, holte tief Luft, packte die Motorhaube an beiden Seiten und hob sie vorsichtig über die Fahrzeugfront zur Seite hinweg. Im Vorfeld sollte man unbedingt einen Platz zum Abstellen der Motorhaube vorbereiten, indem man zum Beispiel ein oder zwei Kanthölzer bereithält und schon mal auf den Boden legt, um dort im Anschluss die Motorhaube abzustellen. Zum Schluß versah ich als ultimative Schutzmaßnahme die Motorhaube mit einer dicken Wolldecke. Aber keine Sorge: Trotzdem schaffte ich es dann doch irgendwie, sie im Laufe der Zeit mit einer dicken, fetten Delle zu versehen. Wie sollte ich es auch nur ansatzweise ahnen, dass sie dort die nächsten sieben Jahre hochkant an der Wand angelehnt stehen würde?

Jetzt konnte ich unter noch nie dagewesenen, absolut komfortablen Umständen den offenen, verchromten K&N Luftfilter von dem Solex 35 PDSI Vergaser demontieren. Im Anschluss schraubte ich das zweiflutige Hosenrohr mit Hilfe von viel Rostlöser am Auslasskrümmer ab. Mittels einer vorher einstudierten Fingerverrenkungstechnik baute ich auch den Zündverteiler aus dem Hause Bosch aus und legte ihn einfach auf dem Motor ab, da wegen des noch eingebauten Bremskraftverstärkers ein wenig Platzmangel herrschte. Nun zog ich noch vorsichtig den Kraftstoffschlauch von der Kraftstoffpumpe ab, um auch diese im Anschluss ebenfalls zu demontieren.

Als nächstes entfernte ich den "Motorkabelbaum" in Form von Stromleitungen vom Generator und Starter, den ich später auf jeden Fall wiederverwenden wollte. Nachdem ich die Zündspule abgeschraubt und ebenfalls auf dem Motor ablegte, entfernte ich die Unterdruckleitung des Bremskraftverstärkers, die Heizungsschläuche komplett mit Heizungsventil, das Gasgestänge, den Chokezug und die von oben erreichbaren Schrauben der Getriebeglocke. Schließlich stand das Fahrzeug noch abgelassen auf den eigenen Rädern.

Für die nachfolgenden Arbeiten hob ich das Fahrzeug dann aber doch an. Warum ich dies erwähne? Ganz einfach: Dies war in meinem Fall ein recht komplizierter Vorgang, da ich nunmal keine Hebebühne besaß. Und um eine ansprechende Arbeitshöhe zu erreichen, hob ich den Kadett mittels Rangierwagenheber nach und nach an, unter Zuhilfenahme mehrerer Holzklötze im Format von Eisenbahnschwellern und vier Unterstellböcken, Schritt für Schritt, um insgesamt eine Arbeitshöhe von ca. 50 Zentimetern zu erreichen. Dies ist nur unter allergrößter Vorsicht zu empfehlen und nimmt einige Zeit in Anspruch. Die Arbeitsabläufe sollten gut geplant werden, da ein häufiges Auf- und Abbocken alleine schon aus Zeitgründen kaum zu empfehlen ist. Ist das Fahrzeug aber einmal auf diese Art und Weise aufgebockt, lässt sich so mit einem Rollbrett einigermaßen gut bis wunderbar unter dem Fahrzeug arbeiten.

Von unten kam ich nun wunderbar an das Abdeckblech des Schwungrades, welches an der Getriebeunterseite angeschraubt war. Komischerweise benötigt man hierfür irgendwie immer einen nicht gerade oft verwendeten Schraubenschlüssel "MW11".

Nachdem ich auch den Ölfilter demontierte, kamen noch der Ölkühleradapter und die Ölkühlerleitungen an die Reihe. Den elfreihigen Ölkühler von Racimex rüstete ich ja im Zuge der vorherigen Restauration nach und sollte auf jeden Fall beibehalten werden. Das Altöl übrigens, da braucht wirklich niemand Angst haben, wurde natürlich fachgerecht entsorgt, wie auch die anderen Sonderabfälle, die im Laufe der Zeit angefallen sind. Auch selbst dann, wenn ich das nicht jedes Mal erwähne.

Den Ölfilterhalter schraubte ich von oben ab, allerdings unter leicht erschwerten Umständen, denn dort herrschten dank der Lenksäule regelrecht beengte Verhältnisse.

Da es für mich ja wie gesagt absolute Priorität war, sämtliche Arbeiten alleine durchführen zu können, fand ich endlich einen guten Grund, mir nun auch einen Motorkran zu kaufen. Dies war gar nicht so einfach. Aufgrund der absolut ungenügenden Platzverhältnisse in meiner "Schrauberhöhle" musste der Motorkran auf jeden Fall platzsparend, also zusammenfaltbar sein. Da ich ihn, so hoffte ich zumindest, außerhalb von diesem Umbauprojekt nur selten benötigen würde, könnte diese Aufgabe eigentlich auch ein billiges Modell aus China erledigen. Ich will es kurz machen: Diese recht billige Variante hat mich wirklich absolut positiv überrascht. Selbst über mehrere Tage und sogar Wochen hielt dieser Motorkran mit angehobenen Motor den Druck und ließ nicht einen Millimeter nach. Echt unglaublich. Die beiliegende Motorwippe zum Ausbalancieren benötigte ich allerdings bisher nie. Als Kranseil benutzte ich der Einfachheit halber einen alten Sicherheitsgurt. Hier und da schnitt ich einen Gurt aus einem nicht mehr benötigten Fahrzeug heraus. Diese Dinger sind ideal: Ein einfacher Knoten öffnet sich nicht selbstständig, selbst unter noch so schwerer Last und trotzdem lassen sich eben diese Knoten im entlasteten Zustand mit bloßen Fingern ohne große Fummelei wieder öffnen. In meinem

Fall knotete ich den Sicherheitsgurt mit einem Ende mittig am Auslasskrümmer fest, das andere Ende befestigte ich am Motorhalter links und hängte dann den Gurt einfach in den Haken des Motorkranes ein.

Nun schraubte ich den Motorhaltergummibock links los und entfernte den rechten Motorhalter. Zur Sicherheit unterbaute ich vorher das Schaltgetriebe mit einem Rangierwagenheber. Ich konnte den Motor, ohne Getriebe, vorsichtig nach vorne (allerdings schräg nach oben geneigt), herausheben. Dies tat ich mit äußerster Vorsicht, denn ich musste unter anderem auf den neuwertig ausschauenden Bremskraftverstärker acht geben, schließlich lackierte ich diesen im Zuge der vorherigen Restauration frisch in Originaloptik. Er musste für den anstehenden Verkauf unbedingt "hübsch" bleiben.

Die Teile, die ich für dieses Projekt nicht mehr benötigte, veräußerte ich. Für den OHV-Motor gab es 130,- €, für die transparente Verteilerkappe 16,50 €, für den offenen K&N Chromluftfilter 33,- €, für die um 2 Kilogramm erleichterte und gewuchtete OHV Schwungscheibe 56,- €, für die bearbeitete OHV Ansaugbrücke 25,50 € und für die Motorhaltegummis 9,50 €.

Als nächstes sollte der Tankausbau folgen. Zum einen, weil er bei den nachfolgenden Arbeiten in Mitleidenschaft gezogen werden könnte, zum anderen müsste er theoretisch sowieso noch umgebaut werden. Da es den Opel Kadett B serienmäßig nur als Vergaserfahrzeug gab, besaß der Tank dementsprechend nur einen, zudem noch recht kleinen Anschlussstutzen für den Vorlauf. Dieser müsste nicht nur vergrößert werden, es müsste auch noch ein zusätzlicher Anschlussstutzen für den benötigten Rücklauf angebracht werden.

Erstmal musste der Tank natürlich vollständig entleert werden. Hierzu schraubte ich die Rohrleitung von unten am Tank ab und fing den Kraftstoff in einem geeigneten, vorher bereitgestellten Kanister auf. Wer es schneller mag, kann diesen Vorgang durch zusätzliches Aufdrehen des Tankdeckels beschleunigen. Nun noch die elektrische Leitung des Tankgebers oben am Tank abziehen und die obere Tankhalteschelle lösen. Als nächstes musste ich den Tankstutzengummi vorsichtig mit einem Schraubendreher nach außen ausbauen, sonst hätte ich nicht den erforderlichen Bewegungsspielraum gehabt, um den Tank herausnehmen zu können. Ich hob den Tank vorsichtig von den Auflagegummis und nahm ihn durch geschickte Bewegungen aus dem Kofferraum heraus.

Der Tank war erstaunlicherweise so gut von mir schwarz glänzend lackiert worden, das ich es echt zu schade fand, ihn für den Umbau auf den dickeren Vorlauf und dem Rücklaufstutzen wieder zu verschandeln. Also wurde er verkauft. Für den eigentlichen Tankumbau benutzte ich dann einen anderen Tank. Der "neue" Tank kostete lächerliche 10,- €, wieviel allerdings mein "schöner" Tank beim Verkauf brachte, weiß ich allerdings nicht mehr.

Zurück zum Motorraum: Um die Heizung im selbigen zu entfernen, musste ich eine handvoll Kreuzschlitzschrauben im Bereich des grauen Heizungskasten aus Kunststoff demontieren. Dieser ließ sich dann, leicht widerwillig, mit ein wenig sanfter Gewalt abheben.

Zur Not würde ich einfach mit einem breitem Schlitzschraubendreher ein wenig nachhelfen. Der Heizungskasten wird nämlich auch nach dem Entfernen aller Schrauben noch gut von der wohl werkmäßig eingesetzten Dichtungsmasse gehalten.

"Ein Auto ist erst dann schnell genug, wenn man morgens davorsteht und Angst hat es aufzuschließen."

(Zitat: Walter Röhrl)

Antriebsstrang

Irgendwie bekam ich jetzt richtig Lust, die originale OHV Hinterachse auszubauen um so das Thema "Winzmotor" ein für allemal abzuhaken. Ich demontierte also die Kardanwelle, dazu entfernte ich einfach die vier Befestigungsschrauben im Bereich der Hinterachse und konnte die Kardanwelle aus dem Schaltgetriebe herausziehen. Nun konnte ich die Stoßdämpfer oben innerhalb der Quertraverse vom Kofferraum aus demontieren. Mittlerweile war die Limo ja angehoben, allerdings ließ ich die Räder zur besseren Handhabung während der bevorstehenden Demontage der Hinterachse vorerst montiert. Ich nahm dafür einfach die alten, originalen Stahlräder von Lemmertz. Nun hob ich die Hinterachse, so weit es möglich war, im Bereich des Differentials mittels Rangierwagenheber an. Die gelben Koni-Sportstoßdämpfer konnte ich zusammenschieben, an den unteren Befestigungspunkten der Hinterachse abschrauben und zur Seite legen. Die Stoßdämpfer lagerte ich stehend ein, da ich auf keinen Fall Lagerschäden riskieren wollte. Schließlich kostete der nicht mehr erhältliche Komplettsatz damals stattliche 590,- DM. Ich habe mir das mal ausgerechnet, das wären heuzutage so ziemlich genau 590,- €.

Beim Ausbau des Panhardstabes bedurfte es ein wenig sanfter Gewalt am Arbeitsplatz. Mittels Dorn und Schlosserhammer trieb ich die Befestigungsschraube aus dem oberen Halter an der Karosserie heraus und befreite mit einem Kunststoffhammer den Panhardstab als solches. Der Panhardstab wird auf jeden Fall wiederverwendet, wenn auch "leicht modifiziert". Doch dazu später mehr.

Nachdem ich die Bremsleitung am Bremsschlauch im Bereich der Hinterachse abschraubte, konnte ich den Halteclip des Bremsschlauches entfernen und diesen herausziehen. Der Bremsschlauch fand, da er erst vor kurzem bei der Restauration erneuert wurde, selbstverständlich später wieder seinen Weg zurück an das Auto.

Um besser arbeiten zu können, demontierte ich außerdem jeweils die unteren der beiden Schrauben des Stabilisatorhalters links und rechts an der Hinterachse und schwenkte die Haltebügel nach oben. Ich schraubte dann das Handbremsseil vom Handbremshebel ab und entfernte in weiser Voraussicht die Gummidurchführung in Ziehharmonikaform für den Handbremshebel am Karosserieboden, da dieser ansonsten beim späteren Ausbau des Handbremshebels stören würde. Nun klipste ich das Feststellbremsseil aus den Halterungen links und rechts am Unterboden aus. Die Längslenker wurden am jeweils vorderen Befestigungspunkt, den Halteböcken an der Karosserie, auf beiden Seiten demontiert. Die Hinterachse selber war nun nur noch durch zwei Schrauben am Hinterachshalter der Hinterachsverlängerung an der Karosserie befestigt. Nach dem vorsichtigen Lösen eben dieser beiden Schrauben konnte ich die Hinterachse ebenso vorsichtig mit Hilfe eines Rangierwagenhebers ablassen. Dank der an der Hinterachse belassenen Räder konnte ich diese nun einfach durch ein wenig rangieren unter dem Fahrzeug hervorholen, hoch genug angehoben hatte ich die Karosserie schließlich.

Die Längslenker wurden wiederverwendet, für die Hinterachse erzielte ich dank eines Onlineauktionshauses 121,- €, für die Kardanwelle 27,- €.

Im Anschluss demontierte ich die komplette Auspuffanlage. Da diese nicht mehr benötigt werden würde, fiel auch dort der Hammer und bescherte so einen Erlös von 15,50 € für den Endschalldämpfer, 25,50 € für den Mittelschalldämpfer und 10,50 € für das zweiflutige Hosenrohr.

Zwischenzeitlich verbaute ich testweise die komplette Hinterachse des Opel GT 1.9. Ich tat dies nur, um mich zu vergewissern, das dort alles passen würde. Dies überprüfte ich aus gutem Grunde, denn manches sagenumwobene Teil passte nach langwieriger und teilweise kostenintensiver Suche entgegen der landläufigen Meinung zahlreicher "Umbauprofis" aus dem "www" hinterher nicht einmal ansatzweise. Dann galt es, das nicht passende Teil entweder durch Modifikation irgendwie an das Auto zu bekommen oder durch Selbstbau gänzlich zu ersetzen. Doch dazu später leider mehr. Die alte, vergammelte Hinterachse des Opel GT 1.9 passte zumindest erst einmal soweit. Vieleicht war sie ja sogar noch funktionstüchtig. Wie heisst es so schön auf Neudeutsch: No risk, no fun.

Da weiterer Erlös nicht schlecht wäre, dachte ich, es wäre genau der richtige Zeitpunkt für den Getriebeausbau. Dieser Vorgang ist ja nun wirklich keine große Herausforderung. Das einzige hakelige an der Sache war der Ausbau des Schaltknüppels. Hierfür ist eine sogenannte "Innen-Sprengringzange" notwendig. Einfach die Schaltmanschette nach oben ziehen, Sicherungsring mit eben genannter Spezialzange vorsichtig durch Zusammendrücken demontieren, um dann den Schaltknüppel nach oben herauszuziehen. Da ich unbedingt die Originaloptik des OHV-Schaltknüppels im Innenraum beibehalten wollte, brannte sich also die Idee, den originalen 1.2S Sportschaltknüppel unbedingt wiederzuverwenden, fest in mein Gehirn ein.

Seitlich am Getriebe zog ich dann die beiden Leitungen vom Rückfahrschalter ab. Diese beiden Leitungen konnten dann später tatsächlich als einer der wenigen Bauteile unverändert weitergenutzt werden! Die Tachowelle löste ich vorsichtig mit einer Wasserpumpenzange und schraubte sie per Hand vom Getriebe ab. Auch diese verwendete ich später unverändert weiter. Zur physischen Unterstützung platzierte ich einen Rangierwagenheber unter dem winzigen Getriebe, dann musste ich nur noch die beiden Schrauben des Getriebehalters demontieren um so das Getriebe ablassen und mit offenen Armen in Empfang nehmen zu können.

Für das Getriebe erzielte ich einen Erlös von 121,- €.

"Immer schön aufpassen - denn wie schnell ist nichts passiert!"

(Weisheit aus dem Internet)

Innenraum

Um zum einen mehr Platz im Innenraum zu erhalten, und zum anderen die dort noch verbauten Teile nicht durch Funken, Schmutz oder einfache Blödheit zu beschädigen, musste also der komplette Innenraum demontiert werden. Sinnvollerweise begann ich mit dem Ausbau der Sitze. Dafür musste ich einfach nur am vorderen Teil des Sitzgestells auf beiden Fahrzeugseiten je zwei Halteschellen demontieren. Diese Halteschellen wurden lediglich durch je eine Sechskantschraube "M8" gehalten. Durch das Betätigen des Entriegelungshebels für den Klappmechanismus an der Sitzaussenseite konnte ich den so entriegelten Sitz nun einfach aus dem Fahrzeug herausheben. Dann noch vorsichtig die wunderschöne, obere Kunststoffabdeckung auf dem Getriebetunnel im Bereich des ehemals vorhandenen kurzen, Sport-Schalthebels entfernen. Dafür brauchte ich nur die zwei Kreuzschlitzschrauben demontieren. Genau diese beiden Schrauben suche ich der Originaloptik wegen bereits seit Jahren, dies nur so am Rande.

Alle abgebauten Teile würde ich gut eintüten und archivieren. Um den zweiteiligen Teppich herausnehmen zu können, musste ich noch die aus schwarzem Kunststoff bestehenden Abdeckleisten im Schwellerbereich der Türen nach oben abziehen. Alle Teile aus dem Innenraum, mit Ausnahme des Teppichs, wurden trocken eingelagert zwecks späterer Wiederverwendung.

Nun widmete ich mich wieder dem Motorraum. Der Bremskraftverstärker wollte ausgebaut und veräußert werden, denn auch dieser würde nicht mehr benötigt werden. Lediglich die kurze Schubstange für die Befestigung am Bremspedal behielt ich vorausschauend. Ich musste dafür die Bremsflüssigkeit ablassen, welche übrigens giftig und ätzend ist. Ich fing sie in einem geeigneten Behälter auf, um sie im Anschluss fachgerecht entsorgen zu können.

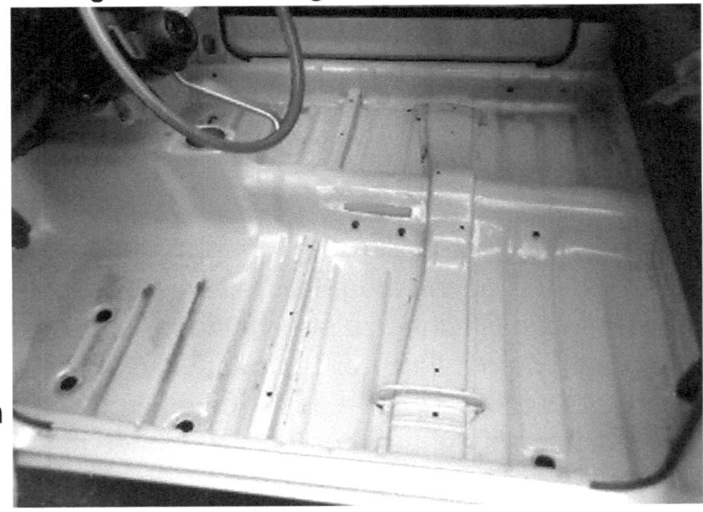

Nachdem ich vom Innenraum aus den Haltesplint am Bremspedal entfernte, konnte ich die Schubstange zur Seite herausziehen. Nachfolgend schraubte ich am Hauptbremszylinder alle drei Bremsleitungen ab. Am besten funktionierte dies mit einem speziellen Leitungsschlüssel, damit keiner der Einschraubnippel beschädigt werden würde. Hätte ich den Leitungsschlüssel nicht gehabt, wäre eine Wasserpumpenzange mein erste Wahl gewesen. Im Zuge der

Restauration erneuerte ich die Bremsleitungen zwar komplett, konnte sie aber aufgrund der neuen Formgebung nicht wiederverwenden. Zumindest die Einschraubnippel fanden ihren Weg zurück an das Auto. Dann konnte ich den Halter des Bremskraftverstärkers zur Befestigung an dem linken Innenkotflügel im Motorraum abschrauben. So lustig das auch klingen mag: Auch diesen Halter konnte ich, zwar leicht modifiziert, wiederverwenden. Am besten erreicht man die Sechskantmuttern des besagten Halters im linken Radkasten, indem man dafür einfach die Räder komplett nach links einschlägt. Der Bremskraftverstärker samt Halter selber ist letztenendes mit lediglich vier Schrauben befestigt, witzigerweise je zwei vom Motorraum und zwei vom Innenraum aus. Ich behielt dies so bei. Sind diese entfernt, einfach die letzte zur Vorsicht montiert gelassene Schraube des Halters am Innenkotflügel abschrauben und dann den Bremskraftverstärker zusammen mit dem Hauptbremszylinder herausnehmen.

Der Bremskraftverstärker mit Hauptbremszylinder brachte als zusätzlichen Erlös in einem Onlineauktionshaus 105,- €.

Nun baute ich die komplette Pedalerie aus. Diese verwendete ich später auch wieder, wenn auch stark modifiziert, dies wusste ich allerdings zu diesem Zeitpunkt noch nicht. Ich schraubte einfach die Mutter der querliegenden Bolzenachse, welche durch das Brems- und Kupplungspedal reicht, ab und zog diesen zur Seite heraus. Ich gab auf den ganzen Kleinkram wie die Scheiben, Gummis und Distanzröhrchen besonders acht und notierte mir deren Einbauposition für den späteren Wiedereinbau. Jetzt konnte ich, nachdem ich das Kupplungsseil am Kupplungspedal aushing, die Pedale abnehmen. Für das Gaspedal musste ich vom Motorraum aus das Gasgestänge demontieren. Unglaublich aber wahr: Selbst das Gasgestänge verwendete ich zum größten Teil wieder! Der Haltebügel des Gaspedales selbst wird im Innenraum von drei

Kreuzschlitzschrauben gehalten. Bei mir bröselte übrigens das ursprünglich wiederverwendete, originale Kunststofflager zu einem späteren Zeitpunkt auseinander. Ich hätte es also lieber gleich erneuern sollen. Das Gaspedallager ist heutzutage sogar als Reproduktion in haltbarem Polyurethan (PU) erhältlich. Das wiederrum soll wohl giftig sein, also bitte in keine Repro-Gaspedallager hineinbeißen oder etwa daran lutschen.

Wo ich mich doch gerade im Innenraum befand, konnte ich doch gleich noch eben schnell die Heizung ausbauen. Dies ging recht schnell über die Bühne, hierzu musste ich einfach am Heizungskasten drei Kreuzschlitzschrauben entfernen, die beiden schwarzen Flexschläuche aus Kunststoff nach oben abziehen und schließlich die elektrische Steckverbindung vom Lüftermotor trennen. Schlussendlich löste ich noch den Halter des Bowdenzuges, entfernte den Sicherungsring aus dem Gummi am Zughebel und hing den Zugdraht aus.

Ursprünglich wollte ich diese Art der Heizung beibehalten, daher stand sie nie zum Verkauf. Ich versuchte dann irgendwann in tagelanger Kleinarbeit, die Heizung anszupassen. Allerdings zog irgendwie jedes geänderte Teil gefühlt zwei oder mehr zwangsläufig zu ändernde Teile mit sich. Eine absolut böswillige Kettenreaktion also.

Kleiner Tipp am Rande: Müsste ich diesen Umbau, warum auch immer, noch einmal durchführen, könnte ich diese Aktion ungemein beschleunigen: Ich würde einfach die komplette Heizung direkt in die Mülltonne werfen.

Dort liegt meine nämlich jetzt auch.

"Kritiker sind wie Eunuchen. Sie wissen wie es geht - können es aber selber nicht!"

(Weisheit aus dem Internet)

Getriebetunnel, die I.

Im Nachhinein empfinde ich es als eine riesige Erleichterung, dass ich von einem guten Freund einen großzügig herausgetrennten Getriebetunnel aus einem Opel Kadett B Automatik bekam. Und das zu einem echten Freundschaftspreis. Das Auto wurde seinerzeit von ihm ausgeschlachtet und er hatte es mittlerweile wohl schon zum Verwerter gebracht. Er ist dann einfach wieder zum Verwerter hin und trennte ihn an Ort und Stelle einfach heraus. Vielen Dank an dieser Stelle, lieber Peter!

Ich kratzte erst einmal die Bitumenplatten von dem guten Stück ab und bohrte dann die originalen Schweißpunkte Stück für Stück auf, um so das überschüssige Karosserieblech entfernen zu können.

Da ich ein großer Anhänger des Rostumwandlers aus dem Hause Fertan bin, ließ ich es mir natürlich nicht nehmen, den Getriebetunnel erst einmal mit Winkelschleifer und gezopfter Drahtbürste komplett metallisch blank zu schleifen. Natürlich nur ausgestattet mit entsprechender Schutzkleidung, das heißt Schutzbrille, Gehörschutz und Handschuhe.

Ich behandelte den Getriebetunnel erst einmal nur provisorisch am äußeren Rand mit Fertan, später würde nämlich dieser Bereich nach dem Einschweißen aufgrund der Blechüberlappung nicht mehr richtig zugänglich sein. Den restlichen Teil des Tunnels strich ich dann später nach dem Einschweißen.

Zuvor müsste allerdings noch der alte Getriebetunnel aus dem Auto entfernt werden. Also begab ich mich mit Rollbrett und wasserfestem Filzstift bewaffnet unter die ausgebeinte Karosserie und zeichnete erst einmal fleißig wie ein kleiner Aushilfs-Chirurg die zu setzenden Schnitte im Vorfeld an.

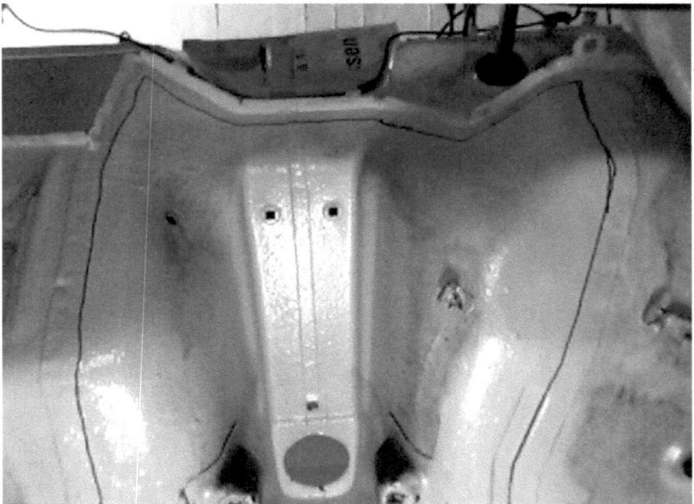

Das allerwichtigste war, dass der Getriebetunnel zwar herausgetrennt werden musste, aber das originale Bodenblech vollständig

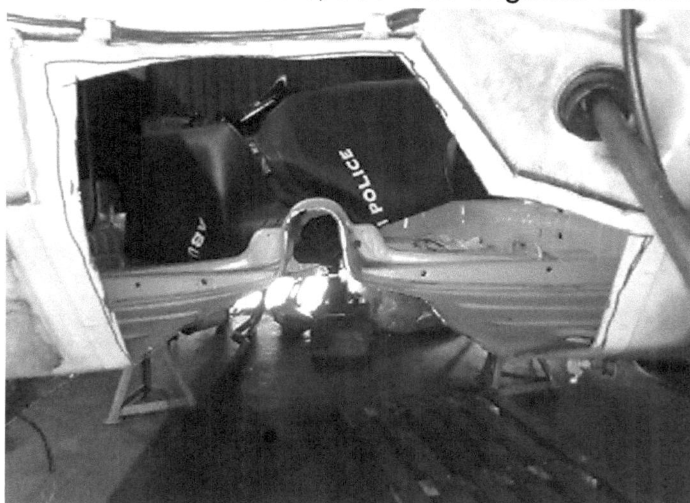

erhalten bleiben musste. Nur so konnte ich später in aller Ruhe die originalen Schweißpunkte am Unterboden aufbohren und nach und nach das überschüssige Blech des Originaltunnels entfernen. Ich "knöpfte" nach dem Aufbohren der Schweißpunkte das verbliebene Blech mittels einer Wasserpumpenzange auf, und schälte sozusagen das überschüssige, alte Blech ab. Letztenendes kann dort jeder vorgehen wie er möchte, Hauptsache man ist hinterher mit dem Gesamtergebnis zufrieden.

Jetzt endlich konnte ich den Stecker des Winkelschleifers in die Kabeltrommel stecken und den Getriebetunnel herausschneiden. Ich bevorzugte für diese Arbeit eine lediglich einen Millimeter starke Trennscheibe, so geht es schnell und sauber von der Chirurgenhand. Um den zuvor während der Restauration erneuerten, weißen Fahrzeughimmel und die komplett verbaut gebliebene Verglasung zu schützen, flexte ich nahezu ausschließlich mit einem Rollbrett bewaffnet von unten an der Karosserie herum.

Lediglich für den Bereich des Kardanwellentunnels musste ich aufgrund des mangelnden Platzes vorsichtig im Innenraum arbeiten. Der so ausgeschnittene Getriebetunnel konnte anschließend durch den Innenraum vorsichtig nach draußen gehoben werden. Ein direkter Vergleich zwischen dem gerade ausgeschnittenen, kleinen Schaltgetriebetunnel und dem neuen Automatikgetriebetunnel offenbart schon im Vorfeld, das selbst im größeren Automatikgetriebetunnel das eigentlich schlanke "Getrag 240"-Getriebe recht wenig Platz haben würde. Entgegen der landläufigen Meinung der "Aushilfs-Professoren" im "Wunderland der Wunderwichtel" (kurz: "www"), ist es meiner Meinung nach schlichtweg unmöglich, ein solches Getriebe brauchbar im kleinen OHV Schaltgetriebetunnel unterzubringen. Das Oberteil des originalen, kleinen Schaltgetriebetunnels verwendete ich übrigens wieder, um so die Originaloptik wieder herzustellen, doch dazu später mehr.

Jetzt durfte ich die an der Karosserie verbliebenen Blechreste des kleinen Getriebetunnels durch Aufbohren der im (bereits geschlossenen) Bochumer Opelwerk angebrachten

Schweißpunkte schonend entfernen. Ich wollte, wie beim Original, überlappende Bleche mit Schweißpunkten als Verbindung zwischen dem Getriebetunnel und der Karosserie. Vermutlich wird man, wenn man diese Arbeit einmal gemacht hat, erstaunt darüber sein, mit wie vielen Schweißpunkten der Getriebetunnel an einer Karosserie verschweißt sein kann. Nachdem ich also mühsam alle Blechreste entfernte, klopfte ich den später überlappend zu verschweißenden Bereich mit einem speziellen Blechhammer und einem Gegenhalter plan. Nachdem ich die später nicht mehr erreichbaren Flächen großzügig metallisch blank schliff, versah ich diesen Blechrand ringsherum dank einer speziellen Lochzange mit Löchern im Abstand von ca. zwanzig Millimetern, jeweils vom Innen- und vom Motorraum aus.

Die später nicht mehr erreichbaren Flächen behandelte ich vor dem Schweißen auch hier großzügig mit Fertan Rostumwandler.

"Ich kann mich nicht erinnern, das ich mal etwas vergessen hätte."

(Weisheit aus dem Internet)

Vorderachse

Mir war klar, das ich bei diesem Projekt der Vorderachse gesteigerte Aufmerksamkeit schenken musste. Da ich irgendwie im Moment von Karosseriearbeiten die Nase voll hatte, widmete ich mich also wieder dieser Thematik. Nachdem ich die zeitlos eleganten, originalen Vorderräder aus dem Hause Lemmertz abschraubte, löste ich die Bremsleitung am Bremssattel. Nach dem Entfernen der Sicherungsklammer konnte ich den Bremsschlauch demontieren, um so den Bremssattel abschrauben und weglegen zu können. Wenn man vor dem Abnehmen des Bremssattels denselbigen ein wenig hin und herbewegt, stellen sich die Kolben ein wenig zurück und man kann dann ihn im Anschluss leichter herausziehen.

Nachdem ich den Nabendeckel in der Mitte der Radnabe durch abhebeln mit einer Wasserpumpenzange entfernte, konnte ich den Splint und die Kronenmutter demontieren, um dann auch die Radnabe zusammen mit der Bremsscheibe abnehmen zu können. Die Spurstangenköpfe waren ebenfalls mit einem Splint gesichert. Auch diesen

entfernte ich und schraubte die Kronenmutter ab. Da der Spurstangenkopf nicht auf Anhieb freiwillig aus dem konischen Sitz wollte, und ich keinen Abzieher zur Hand hatte, überredete ich ihn so zur Aufgabe: Ich schraubte die Kronenmutter wieder bündig auf den Gewindebolzen und schlug ihn dann mit einem Kupferklotz und Schlosserhammer hinaus.

Als nächstes demontierte ich den Vorderachsstabilisator vom unteren Dreieckslenker. Dieser war auf jeder Seite mit einer langen Schraube, einer Metallhülse, vier Unterlegscheiben, vier runden Polyurethanlagern und einer selbstsichernden Mutter befestigt.

Da ich bereits während der Restaurierung meiner Limo eine Tieferlegungsblattfeder von Lenk spendierte, verbaute ich dort im gleichem Atemzug eine gekürzte Version der eben genannten Stabilisatorbefestigung. Außerdem wurde es mir laut Gutachten der Tieferlegungsfeder (ursprünglich für den Opel GT) zur Auflage gemacht, sämtliche Gummibuchsen durch Fahrwerksbuchsen aus "rotem" (und quietschendem) Polyurethan zu ersetzen. Ferner musste ich die auf jeder Seite zweifach vorhandenen, kegelförmigen Anschlagpuffer um jeweils ca. 20 Millimeter kürzen.

Nun schraubte ich den Schwenkhebel, an welchem vorher der

Spurstangenkopf befestigt war, am Achsschenkel ab. Zu meinem Erstaunen ist dieses enorm wichtige Bauteil trotz seiner ausgeprägten Sicherheitsrelevanz lediglich mit zwei recht kleinen Schräubchen befestigt. Nachdem ich diese demontierte, ließ sich der Schwenkhebel und das Bremsscheibenabdeckblech einfach abnehmen.

Es ging weiter. Ich schraubte die während der Restauration verbauten gelben Stoßdämpfer aus dem Hause Koni unten ab und schob sie nach oben zusammen. Zur seelischen Unterstüzung stellte ich vorsichtshalber einen Rangierwagenheber unter das Blattfederauge. Dann entfernte ich den Splint mitsamt der Kronenmutter des Traggelenkes, herausziehen ließ es sich allerdings keinen Millimeter. Es hing im Konus fest, wie sollte es anders sein. Ich schlug dann einfach die Lenkung komplett nach einer Seite ein, um mit einem Schlosserhammer bedächtig aber bestimmt gegen das Auge des Achsschenkels schlagen zu können, in dem das Traggelenk verharrte. Schon nach wenigen Schlägen konnte es der Schwerkraft nicht mehr trotzen. Das obere Radführungsgelenk ließ sich am einfachsten durch Abschrauben der zwei Befestigungsschrauben am oberen Dreieckslenker demontieren, so konnte ich auch endlich dieses Bauteil getrost zur Seite legen.

Nachdem ich die äußere Halteschraube der Blattfeder demontierte, konnte ich diese ganz einfach an einer Seite mittels des vorher untergestellten Rangierwagenhebers ablassen. Nur keine Angst liebe Nachahmer, da ist so gut wie keine Spannung drauf. Selbst bei meiner stocksteifen, ultrastabilen Zweiblatt-Sportfeder ist der Ausbau fast wie Urlaub. Im direkten Vergleich zur Originalfeder könnte man meinen, die Zweiblattfeder von Lenk musste direkt aus einem Lastkraftwagen stammen. Der Wagenheber diente echt nur zur "seelischen" Unterstützung, damit mir die losgeschraubten Brocken nicht im Anschluss auf die Füße fallen.

Um den unteren Dreieckslenker ausbauen zu können, demontierte ich die beiden Schrauben an dessen Dreh- und Haltepunkten am Vorderachskörper. Weiter innen befanden sich dort in unmittelbarer Nähe zwei weitere Schrauben pro Fahrzeugseite, die den Haltebock der Blattfeder festhielten. Als ich auch diese entfernte, ließ sich im Anschluss der untere Dreieckslenker ohne große Gewalteinwirkung aus der Blattfeder herausfädeln. Einfach ein wenig wie bei einem Geduldspiel in Übergröße durch vorsichtiges Hin- und Herdrehen auseinanderdröseln.

Um den oberen Dreieckslenker zu demontieren, musste ich die durch den Querlenker reichende, überdimensional lange Schraube entfernen. Es ist ein ungeschriebenes Gesetz, dass diese nicht auf Anhieb hinaus will. In meinem Fall verzichtete ich dankend auf das normalerweise übliche Herausschlagen, denn ich wollte nur sehr ungern die dadurch möglicherweise entstehenden Schäden am schön in Wagenfarbe lackierten Innenradhaus in Kauf nehmen. Ich drehte einfach nach Entfernen der Mutter die verbliebene Schraube hin und her und konnte sie so nach einigen Minuten dank Verkanten des Schraubenschlüssels "herausziehen". Die dabei auf den Boden fallenden Distanzscheiben sind äußerst wichtig, denn sie müssen nicht nur aufgehoben werden, sondern auch noch auf der jeweils richtigen Position wieder eingebaut werden. Mittels dieser unterschiedlich starken Scheiben wird nämlich der sogenannte "Nachlauf" vorgegeben. Ich will es kurz machen: die neun Millimeter dicke Scheibe gehört in Fahrtrichtung nach hinten, die drei Millimeter dicke Scheibe nach vorne. Man könnte sie auch anders verbauen, das wäre dann aber schlichtweg falsch.

Zum Schluss demontierte ich noch die auf jeder Seite zweimal vorhandenen, normalerweise spitzkegelförmigen Anschlagpuffer für den unteren Querlenker. Diese waren auch noch im gutem Zustand und wurden, wie gesagt, speziell für die Tieferlegung um ca. 20 Millimeter gekürzt.

Alle Arbeitsschritte führte ich dann auch auf der anderen Fahrzeugseite nahezu identisch durch. Bis auf die Achsschenkel, Bremsscheibenabdeckbleche, Radnaben und der kompletten Bremsanlage wurde tatsächlich alles wiederverwendet. Wer selbst einmal einen solchen Umbau wagen möchte, sollte darauf achten, dass die unteren Dreieckslenker bereits die Befestigungslaschen für den Vorderachsstabilisator besitzen. Ansonsten müsste man diese halt mehr oder weniger umständlich nachrüsten.

Damit ich auch das Lenkgetriebe endlich zwecks späterer Wiederverwendung ins Regal legen konnte, musste ich zuerst die Schraube an der Halteschelle der Lenksäule demontieren. Die dort verbaute Spezialschraube hob ich gut auf. Nun musste ich noch die beiden Halteschellen des Lenkgetriebes demontieren, sie waren lediglich durch insgesamt vier Schrauben befestigt. Im Anschluss konnte ich das Lenkgetriebe endlich an die Seite legen. Da ohnehin der kleine OHV-Vorderachskörper gegen eine Variante des Opel Kadett B mit großem CIH Motor ausgetauscht werden musste, baute ich den alten komplett aus. Das ging recht einfach, hierzu schraubte ich auf beiden Seiten lediglich die je Seite zweifach vorhandenen Schrauben am Federbeindom vom Innenradhaus aus ab.

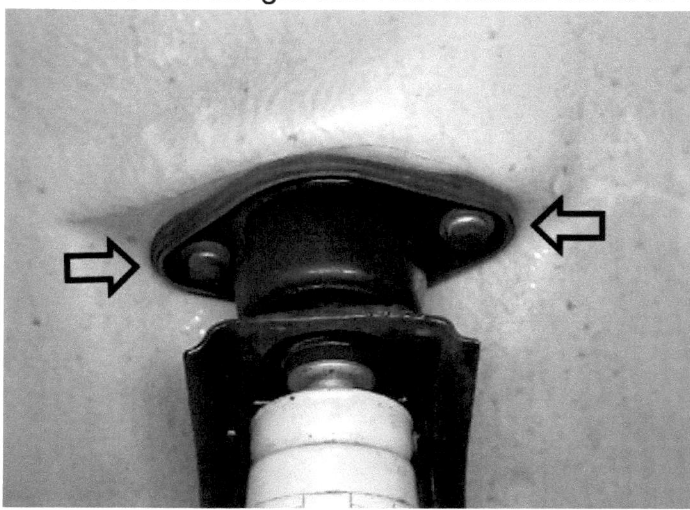

Jetzt wurde der Vorderachskörper nur noch durch vier Schrauben, welche durch den Rahmen gesteckt wurden, an der Karosserie gehalten. Nachdem ich auch dort die Muttern abschraubte, konnte ich die Schrauben nach oben herausziehen. Der Vorderachskörper verblieb trotz fehlender Befestigung an seinem angestammten Platz, er war im Laufe der Zeit halt ein wenig "festgebacken". Durch leichte Schläge motiviert trat er recht schnell die Flucht nach unten an.

Man tut Gutes daran, den Vorderachskörper nicht einfach auf den Boden fallen zu lassen. Die jeweils auf jeder Seite zweifach vorhandenen Unterlegscheiben aus Kunststoff, zwischen Vorderachskörper und Karosserierahmen, sind auch äußerst wichtig, diese bewahrte ich gut auf, weil sie bei der späteren Montage unbedingt wieder an ihrem angestammten Platz mussten.

Als letzten Arbeitsschritt baute ich die Stoßdämpfer aus, man kam nun dank ausgebautem Vorderachskörper einfach besser dran. Diese lagerte ich, wie schon vorher erwähnt, stehend ein.

Da die Achsschenkel inklusive Schwenkhebel, die Bremsscheibenabdeckbleche, die Radnaben inklusive Radlager, die massiven Bremsscheiben (237x10 Millimeter) und die Bremssättel mit den Bremsbelägen nicht mehr benötigt wurden, konnte ich den ganzen Krempel guten Gewissens im Onlineauktionshaus für 255,- € versteigern.

"Loud pipes save lifes."

(Album der Gruppe "E-Type")

Auspuffanlage, die I.

Ideen, um den neuen Auspuff am Unterboden zu befestigen, sammelte ich bereits im Vorfeld zu Genüge. Denn die originalen, labilen Halter für die Auspuffanlage, noch schlimmer die Blechlaschen für die Brems- und Kraftstoffleitungen, hatten mich schon bei der Restauration zutiefst gestört. Ich beließ sie aber seinerzeit zähneknirschender Weise original. Dem sollte jetzt endlich ein jähes Ende gesetzt werden. Ich baute ja bereits sämtliche Leitungen aus und warf sie weg. Also bin ich mit meinem Rollbrett und Winkelschleifer wieder unter Tage in den Kampf gezogen. Sämtliche Halter wurden restlos entfernt. Und zwar am kompletten Unterboden.

Da ich sowieso gerade den Winkelschleifer in der Hand hielt, wollte ich als nächstes den Auspuff zumindest provisorisch einmal anhalten, wenn nicht am liebsten schon irgendwie anbringen. Bei meiner Wahl bezüglich der Auspuffanlage entschied ich mich für eine Variante vom Opel Kadett C, da dieser seinen Endschalldämpfer, wie auch der Opel Kadett B, auf der rechten Seite zur Schau trägt. Zusätzlich sind Sportauspuffanlagen für den Opel Kadett C ein wenig leichter zu bekommen, gelinde ausgedrückt. Aufgrund des nahen Verwandtheitsgrades zwischen Opel Kadett B und C sollte es auch wohlmöglich besser mit der späteren Eintragung funktionieren. So unglaublich es klingen mag, er sollte dem Original nicht allzu unähnlich sehen, daher kam für mich eine Doppelrohrvariante oder ähnliches in keinster Weise in Frage. Es wurde dann zufällig eine Sportauspuffanlage aus dem Hause Lexmaul, weil mir diese ganz einfach als erstes für einen schmalen Taler über den Weg lief.

Ich steckte sie jetzt einfach mal zusammen und hielt sie provisorisch an. Ich war schon ein wenig überrascht, denn das Ding passte vorne und hinten nicht.

Da ich aber auch so wenig wie möglich an der Auspuffanlage ändern wollte, entschied ich mich dafür, den Endschalldämpfer zu hundert Prozent original zu belassen. Der Mittelschalldämpfer müsste dann aber auf jeden Fall modifiziert werden.

Ich fing also mit der Platzierung des Endschalldämpfers auf der rechten Fahrzeugseite an, wie beim Original. Im Anschluss müsste sich dann einfach der Mittelschalldämpfer den unvermeidbaren Gegebenheiten beugen. Beginnend vom Motor aus würde der Auslasskrümmer mit Katalysator auf der linken Fahrzeugseite den Ton angeben, konstruktionsbedingt durch den C20XE halt. Irgendwo in der Mitte müsste ich dann einfach "die Seite wechseln", damit sich die beiden Rohre irgendwie treffen, fertig.

Nachdem ich mich also, durch langwierigem Ausrichten und aus nahezu allen möglichen Blickwinkeln betrachtend, für eine passende Position des Endschalldämpfers entschied, musste ich mir nur noch über die Befestigung am Unterboden Gedanken machen. Da ich

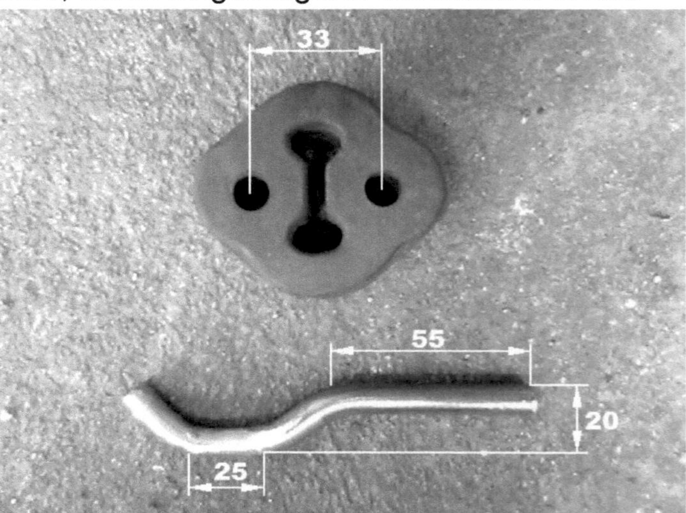

den Endschalldämpfer wie gesagt nicht modifizieren wollte, am

Unterboden aber durch die freche Beseitigung sämtlicher Halter alle Freiheiten der Welt besaß, entschied ich mich für einen einfachen Halter aus acht Millimeter starkem Draht. Die Länge betrug so ziemlich exakt 125 Millimeter. Formbedingt würde das Auspuffgummi des Opel Kadett C perfekt passen. Um den Draht zurechtbiegen zu können, machte ich ihn ein wenig mit dem Brenner warm. Ich steckte hierzu an dem für mich perfekt ausgerichteten Endschalldämpfer das Auspuffgummi auf, steckte meinen selbstgebastelten Halter durch und punktete das ganze Kunstwerk provisorisch am Unterboden an. Dann baute ich alles wieder ab und schweißte den Halter endgültig fest. Dieser erste Arbeitsschritt sollte die Basis für alles weitere sein. Hinzu kam, dass der Anblick des danach angesteckten Endschalldämpfers schon einen enorm großen Motivationsschub bescherte.

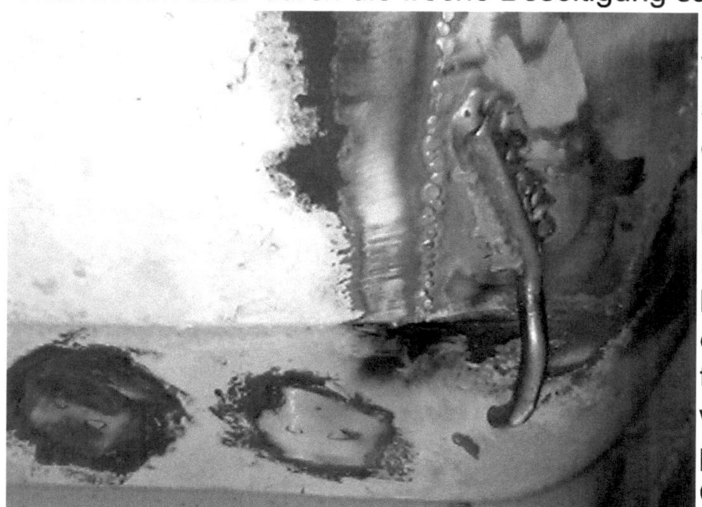

Am Mittelschalldämpfer schnitt ich schließlich an zwei Stellen die Rohre ab. Um dies überhaupt sauber hinzubekommen, musste ich zusätzlich noch den oberen Halter des Mittelschalldämpfers abschneiden. Ich schweißte ihn später jedoch nach getaner Arbeit wieder an der exakt gleichen Stelle an.

Aber so weit kam es dann doch nicht. Ich legte erst einmal alles wieder in die Ecke. Ich hatte nämlich zufälliger Weise irgendwie gerade keine Lust mehr am Auspuff zu basteln.

"Du willst ein iPad 4 gewinnen? Dann kratze hier: ============ mit einer Münze und finde heraus, ob Du ein Gewinner bist."

(Weisheit aus dem Internet)

Kühlerhalter, die I.

Ich wollte einfach mal wieder "über Tage" arbeiten, also auch mal ohne Rollbrett, so schön und praktisch dieses Teil auch sein mag. Also widmete ich mich wieder dem Motorraum, schliesslich gab es dort auch noch genug zu tun. Dort hatte ich kurzerhand den originalen Gasgestängehalter mittels Bohrmaschine sauber abgebohrt. Mein erster Gedanke war, das dieser Halter nicht mehr benötigt werden würde und behielt, wie ich später feststellte, tatsächlich recht. Also: Ab in die Schrottkiste damit.

Einer der zahlreichen Gründe, warum ich mich für den legendären C20XE entschied, war ja, dass ich den Wasserkühler später nicht

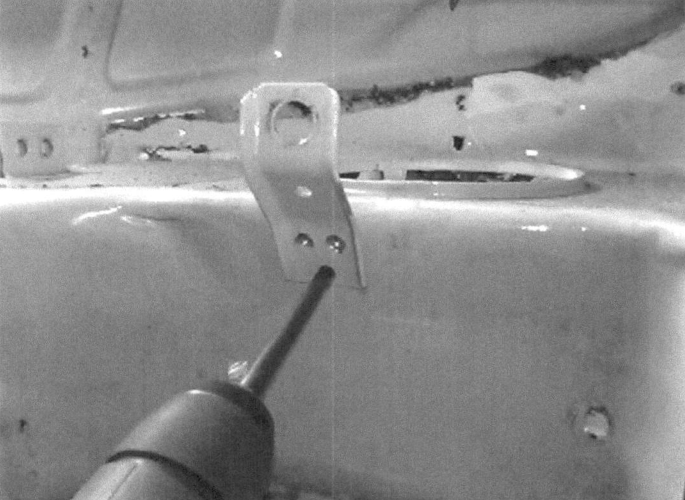

aufwändig unter dem sündhaft teurem CIH-Frontblech verschwinden lassen müsste. Geplant war, den Wasserkühler an der vom Werk aus vorgesehenen Stelle zu belassen. Da er ja lediglich an Breite gewinnen würde, bräuchte ich doch theoretisch nur die originalen Kühlerhalter heraustrennen, sie einfach an einer anderen Stelle wieder einschweißen, fertig. Klingt zwar sehr einfach, ist aber unter Berücksichtigung aller später eingebauten Komponenten absolute Millimeterarbeit, wie ich später herausfinden sollte. Aber es hat tatsächlich funktioniert.

In Sachen "Wasserkühler" entschied ich mich brav für einen zeitgemäßen, alten Messingkühler eines Opel Manta B 2.0E. Also ganz ohne irgendwelche "Spielereien", wie zum Beispiel einem Ausgleichbehälter aus Kunststoff oder etwa noch schlimmerem. Ich besorgte mir zum "probebasteln" einen alten, gebrauchten Kühler, diesen ersetzte ich jedoch später durch ein Neuteil. Mir war zum Schluss der "Bastelkühler" trotz vorhandener Funktionstüchtigkeit einfach nicht mehr "schön" genug.

Der Wasserkühler des Opel Manta B 2.0E hat eine Gesamtbreite von satten 460 Millimetern, der originale Kühler des Opel Kadett B 1.2S war lediglich um die 315 Millimeter breit. Die lichte Breite des originalen Kühlerschachtes, gemessen zwischen den beiden Gummipuffern, betrug im Original ca. 350 Millimeter. Dies ist ein Plus zur gemessenen Originalkühlerbreite von 35 Millimetern. Rechnete ich die so ermittelten 35 Millimeter der Kühlerbreite des Opel Manta B 2.0E hinzu, würde ich auf die erforderliche lichte Kühlerschacht-

breite von umwerfenden 495 Millimetern zwischen den beiden Gummipuffern kommen. Theoretisch bedeutete dies, dass jeder der beiden Kühlerhalter um je 72,5 Millimeter nach außen weichen müsste! Zum Aufwärmen bohrte ich als erstes den unteren Kühlerhalter ab. Allerdings konnte ich ihn getrost wegwerfen, denn ich konnte ihn aufgrund seiner Bauart leider nicht mehr wiederverwenden.

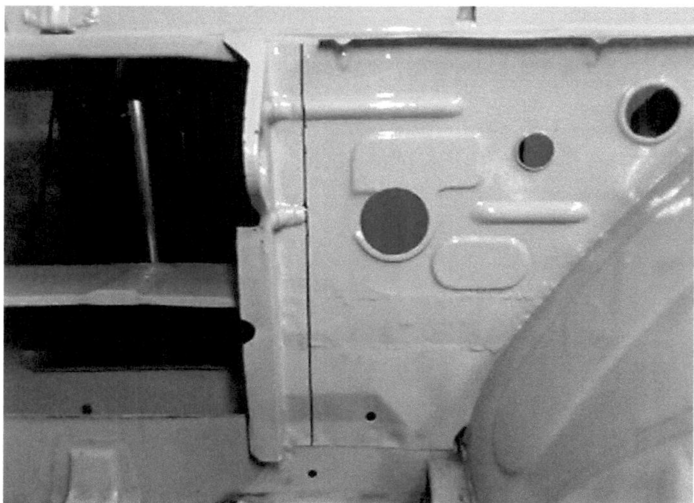

Nun sollte unausweichlich der Schritt folgen, der keinerlei Rückkehr erlauben würde. Um das folgende einschneidende Erlebnis noch ein wenig hinauszuzögern, zeichnete ich als Vorbereitung mittels einer simplen "Dachlatte" und einem wasserfestem Filzstift penibelst genau die Schnittlinien an.

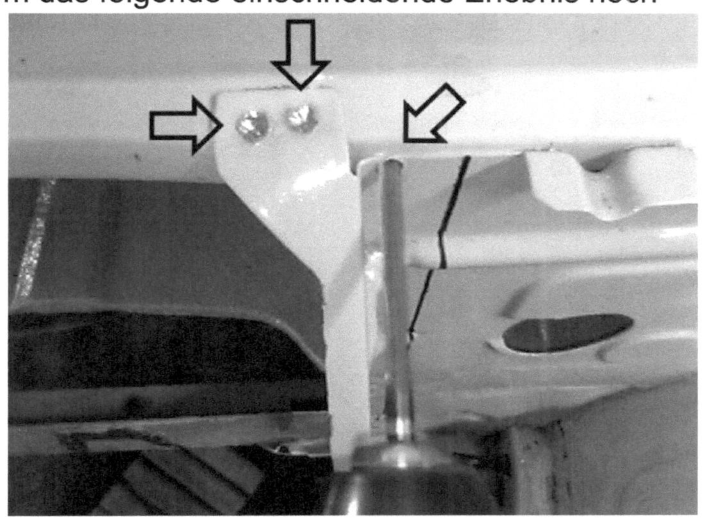

Als erstes bohrte ich die oberen drei Schweißpunkte auf. Ich bin absichtlich möglichst behutsam mit den Kühlerhaltern umgegangen, denn ausnahmsweise würde ich in diesem Fall jedes der Bauteile weiterhin benötigen. Damit das Gesamtkunstwerk später möglichst original ausschauen würde, ist vermutlich ein unendlich hohes Maß an Sorgfalt notwendig,

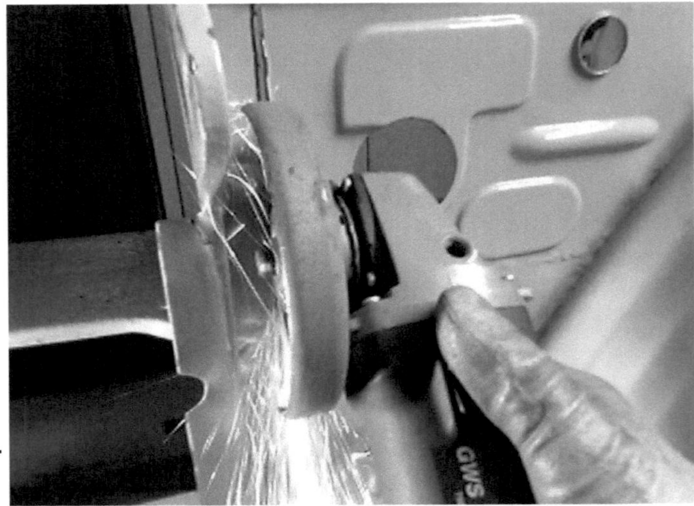

um am Ende ein höchstmöglich ansprechendes Ergebnis erzielen zu können.

Höchstwahrscheinlich liegt es an der sehr schnell rotierenden, ca. einen Millimeter starken Trennscheibe, das vieleicht dem einen oder anderen Oldtimerliebhaber fast das Herz stehen bleibt. Für mich war es lediglich ein kleiner, aber absolut notwendiger Schritt zum noch weit entfernten Ziel. Nicht mehr und nicht weniger. Kaum war ich mit

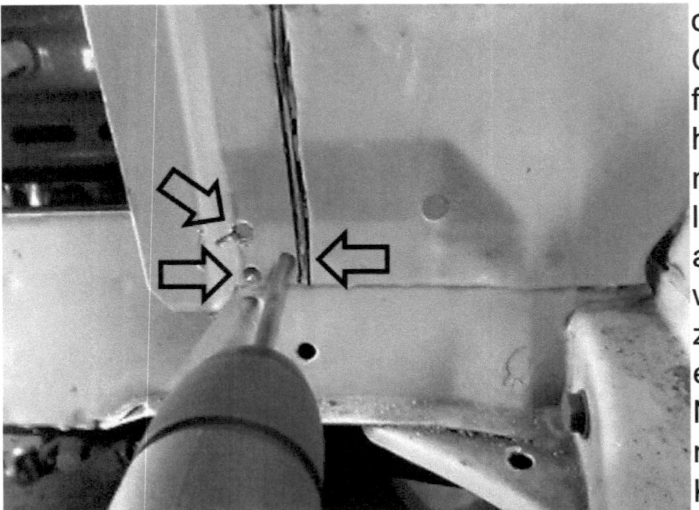

dem Schneiden entlang der zuvor angezeichneten Linien fertig, musste ich feststellen, das auch unten noch drei weitere Schweiß-

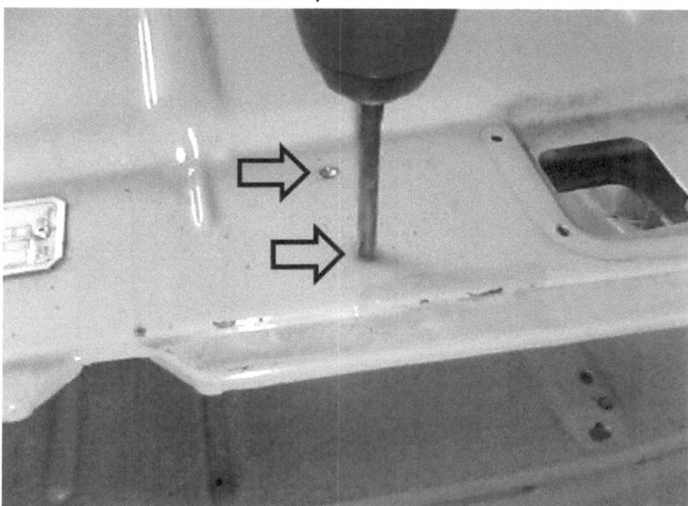

punkte darauf warteten, von mir persönlich mit der Bohrmaschine in die ewigen Jagdgründe geschickt zu werden. Ich musste mir immer wieder vor Augen führen, umso sorgfältiger ich die Arbeiten durchführen würde, desto schwieriger würden sich später die Modifikationen erkennen lassen.

Mir fiel bei aufmerksamer Betrachtung auf, das die Kühlerhalter außerdem als Verstärkungsstreben für den Motorhaubenschlossträger dienen und diese Funktion auch trotz weitreichender Modifikation unbedingt beibehalten werden sollte. Also mussten auch noch die Schweißpunkte am Schlossträger abgebohrt werden.

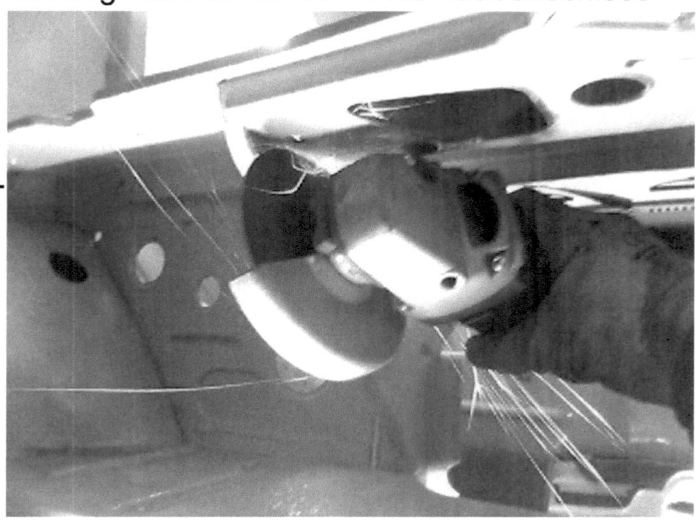

Nicht das jetzt jemand denkt, dies wäre schon alles gewesen, denn unter dem Motorhaubenschließblech ging es munter weiter. Dort konnte ich allerdings mit einer herkömmlichen Bohrmaschine nicht viel ausrichten, ich musste also mal wieder den guten, alten Winkelschleifer einstöpseln. So trennte ich dann schlussendlich noch einfach die beiden Haltelaschen durch.

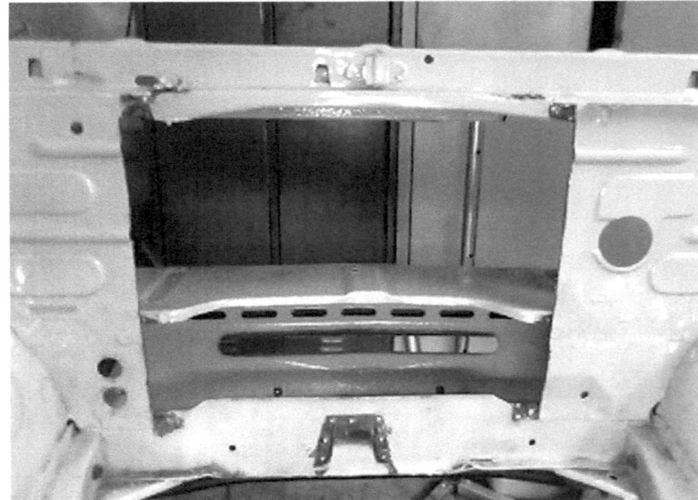

Jetzt hielt ich doch tatsächlich den originalen, sauber ausgeschnittenen Kühlerhalter in meinen Händen. Nachdem dieses für professionelle Karosserieschlosser albtraumhafte, schweißtreibende Erlebnis von mir auf der anderen Seite simplerweise wiederholt wurde, hatte ich auf einmal in ungewohnter Manier erschreckend viel Platz im vorderen Bereich des Motorwagens.

Dank der beraubten Kühleraufnahmen, die wie gesagt konstruktionstechnisch eigentlich für Stabilität im Frontbereich sorgten, hatte ich jetzt allerdings ein kleines Problem: Die nun halterlose Front war sehr, sehr instabil. Sie durfte also in diesem Zustand in keinster Weise auch nur ansatzweise belastet werden.

So dusselig, wie ich mich manchmal anstelle, steckte ich vorsorglich einen leeren Kanister zwischen dem unteren Frontblech und dem Schlossträger. Ich könnte mir schon vorstellen, das ich es andernfalls doch irgendwie geschafft hätte, mir das Frontblech samt dem Schlossträger zu verhunzen.

Man weiß ja nie.

"...und solange man in chinesischen Flüssen seine Fotos entwickeln kann, ist es nicht sehr sinnvoll, den autobedingten Kohlendioxidausstoß mit unfassbarem Aufwand um 0,02% zu senken."

(Weisheit aus dem Internet)

Auspuffanlage, die II.

Um wieder ruhig schlafen zu können, dachte ich, das es gut wäre, wieder ein wenig an der Auspuffanlage weiterzuarbeiten. Also schweißte ich den Halter des Mittelschalldämpfers selber wieder an seinem originalen Ursprungsort, denn für das Abschneiden der Auspuffrohre musste ich ihn leider vorübergehend entfernen. Idealerweise machte ich mir zwischendurch Gedanken über die bestmögliche Platzierung des Mittelschalldämpfers. Er sollte sich möglichst nahe am Unterboden befinden, ohne diesen zu berühren. Er durfte außerdem nicht in allzu großer Nähe der zukünftigen Brems- und Kraftstoffleitungen kommen, oder etwa an die Feststellbremsseile, an den Hinterachstabilisator und was weiss ich nicht noch alles. Ich hielt ihn erst einmal grob an und verschaffte mir so einen ersten Überblick. Als Rohmaterial für die zukünftigen Auspuffhalter

entschied ich mich kurzfristig für zwei einfache Stücke Flacheisen.

Diese waren je fünf Millimeter stark, zwanzig Millimeter breit und einhunderfünfzig Millimeter lang. Nachdem ich sie ordentlich erwärmte, konnte ich sie recht einfach nach meinen Vorstellungen zurechtbiegen und so in die gewünschte, brauchbare Form bringen.

Aufgrund der konstruktionsbedingten Unebenheiten im gewünschten Bereich am Unterboden musste ich blöderweise zwei unterschiedliche Halter für den Mittelschalldämpfer herstellen. Da der Phantasie ja bekanntlich keine Grenzen gesetzt sind, benutzte ich spontan verschiedene Hilfsmittel um den eben erwähnten Flachstahl in eine brauchbare Form zu bringen. Unter anderem leistete mir zum Beispiel

eine einfache Knebelstange aus meinem Halbzoll-Knarrenkasten wertvolle Dienste, um so als Biegehilfe für eine perfekte Rundung unter der Zuhilfenahme meines stabilen Schraubstockes und viel Wärme zu dienen. Die Knebelstange wies nämlich zufälliger Weise einen ähnlichen Durchmesser wie das zukünftige Auspuffgummi auf. Da ich es

unter diesen Umständen mit Temperaturen im nahezu vierstelligen Grad Celsius Bereich zu tun hatte, schaffte ich durch vorsichtiges, mehrmaliges Umsetzen mit diversen Zangen nach und nach eine eben schon erwähnte, brauchbare Rundung. Ich war mir sicher, dieser Halter würde später vorbehaltlos voller Liebe ein Auspuffgummi aufnehmen, ohne dieses auch nur ansatzweise im Laufe der Betriebszeit lieblos durch scharfe Kanten zu beschädigen. Für den inneren Halter des Mittelschalldämpfers am Unterboden reichte eine recht einfache Version. Für die Aussenseite musste ich jedoch leider einen etwas an-

deren Halter anfertigen. Ich musste ihn noch zusätzlich mit einem Winkel von 90° versehen. Auf diesem Wege konnte ich so den Höhenunterschied ausgleichen, da vom Werk aus der Unterboden ja nicht überall gleich eben ist. Schließlich sollte der Mittelschalldämpfer am Ende möglichst schön gerade hängen.

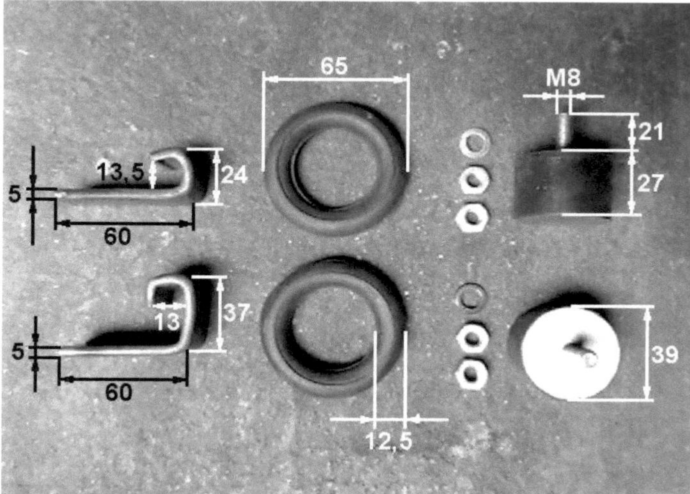

Zusätzlich brachte ich zur Vorsicht, da ich ja die Schalldämpfer so nah wie möglich am Unterboden haben wollte, zwischen dem Unterboden und dem jeweiligen Schalldämpfer je einen schraubbaren Dämpfungsblock aus Gummi als Anschlagpuffer an. So würde es hoffentlich im Falle eines Falles keine unliebsamen Kontakte zwischen den einzelnen Komponenten geben.

Ein dafür passender Anschlagbügel war ja ohnehin bereits am Mittelschalldämpfer der Lexmaul Opel Kadett C Sportauspuffanlage vorhanden. Als Befestigungsgummis für den Mittelschalldämpfer nahm ich einfache, runde Auspuffgummis mit einem Außendurchmesser von 65 Millimeter. Die lagen noch irgendwo in der Schublade herum und warteten seit einer halben Ewigkeit auf ihre neue Bestimmung.

Mit den neuen Haltern, Gummis und Puffern bewaffnet konnte ich mich jetzt endlich an die endgültige Befestigung des Mittelschalldämpfers wagen.

Um eines vorwegzunehmen: Es ist absolut dringenst erforderlich, dass bei dieser Arbeit das Fahrzeug auf den eigenen Rädern steht und komplett eingefedert ist. Ansonsten ist es nahezu unmöglich, die Auspuffanlage ordungsgemäß anpassen zu können. Um bei abgelassenem Fahrzeug trotzdem eine ansprechende Arbeitshöhe zu erhalten, stellte ich meinen Kadett rundherum auf eigens dafür angeschaffte Gasbetonsteine mit einer Stärke von 30 Zentimetern.

Dies klappte in meinem Fall super, allerdings ist eine Nachahmung, trotz schrittweisem Anheben unter besonderer Vorsicht, nur bedingt empfehlenswert.

Als Verbindungsrohre für die Auspuffanlage verwendete ich die vorher abgeschnittenen, originalen Rohre der Lexmaul Sportauspuffanlage wieder. Die neuralgischen Berührungspunkte waren der rechte Stoßdämpfer und der Panhardstab. Ich arbeitete mich so Schritt für Schritt von vorne nach hinten um so eine Verbindung mit möglichst wenigen Stücken zu realisieren. Die einzelnen Rohre wurden lediglich angepunktet und nach vorsichtiger Demontage Schritt für Schritt komplett verschweißt.

"Mal verliert man, mal gewinnen die anderen und dann gibt es Tage, an denen hat man gar kein Glück!"

(Weisheit aus dem Internet)

Hinterachse, die I.

Da ja praktischerweise noch die Hinterachse verbaut war und das Fahrzeug aufgebockt auf seinen eigenen Rädern stand, konnte ich nun endlich auch die fehlenden Halter des Hinterachsstabilisators an der "großen" Hinterachse des Opel GT nachrüsten. Die beiden Röhrchen für die originalen Gummibuchsen fertigte ich aus Stahlrohr, ca. 1" Innendurchmesser und einer Breite von etwa 17 Millimetern. Die Stahlstreifen zur Befestigung und Verstrebung waren etwa 20 Millimeter lang, 16 Millimeter breit und 5 Millimeter stark. Eigens zum Anpassen schraubte ich den Hinterachsstabilisator an der Karosserie fest, dazu montierte ich die Gummibuchsen mit den dazugehörenden Rohrhülsen und punktete die Halter erst einmal provisorisch an. Im Anschluss daran demontierte ich alles wieder vorsichtig und verschweißte die Halter endgültig. Für die zusätzlichen, von unten angebrachten Verstärkungsstreben fertigte ich mir ein Muster aus Pappe, welches logischerweise auf der linken wie auch auf der rech-

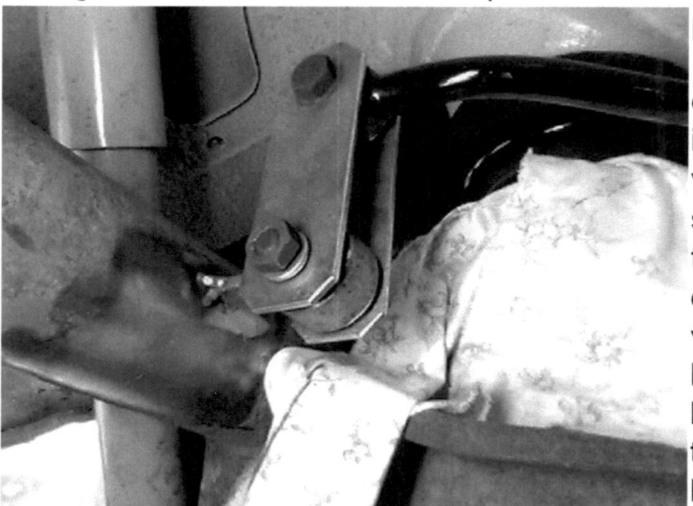

ten Seite passen sollte. Das Papiermuster konnte ich so nun auf ein Stück Flachstahl in 5 Millimeter Stärke mittels Filzstift übertragen. Nachdem ich die neuen Streben mit dem Winkelschleifer ausschnitt, schaltete ich erneut das Schutzgasschweißgerät ein. Und da ich schon mal auf dem Boden lag, konnte ich mir ja noch spontan überlegen, wo ich die beiden vormals erwähnten Gummipuffer für die Auspuffanlage am Unterboden anbringen könnte.

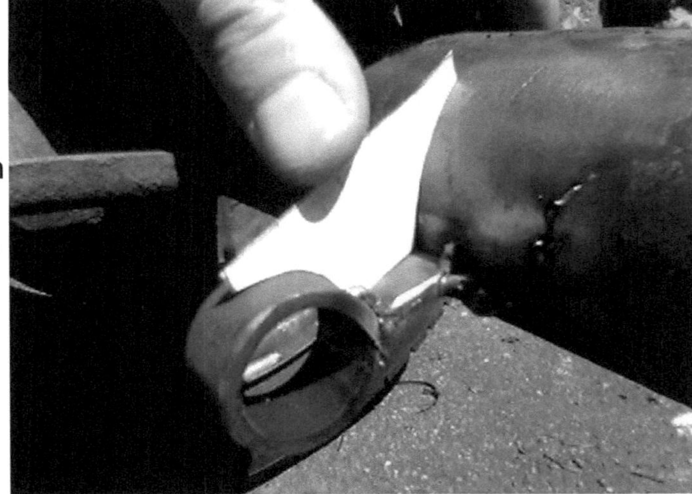

Ich entschied mich übrigens für Gummipuffer mit einem 8 Millimeter Gewindestück, je einmal über dem Mittelschalldämpfer und einmal über dem Endschalldämpfer am Unterboden. Da die Auspuffanlage ja glücklicherweise noch montiert war, konnte ich jetzt genau anzeichnen, an welcher Stelle die Anschlagpuffer später sitzen sollten.

"Wenn der Liter Sprit 5 Euro kostet und die letzte Tankstelle geschlossen ist, werdet ihr merken, das man bei Greenpeace nachts kein Bier kaufen kann.

(Weisheit aus dem Internet)

Leitungen

Da scheinbar alles wichtige am Unterboden montiert war, konnte ich nun außerdem die Verlegung der Kraftstoffleitung vom Tank zum Motorraum planen. Zusätzlich musste ich ja auch noch irgendwie den bestmöglichen Ort für den zukünftigen Kraftstofffilter ermitteln und anzeichnen. Nachdem ich mit der Planung fertig war, baute ich die komplette Auspuffanlage mitsamt der Hinterachse wieder aus.

Das ohnehin schon ab Werk vorhandene Loch im Fahrzeugboden unter dem Tank bohrte ich auf satte 44 Millimeter Durchmesser auf, um so später leichter den Kraftstoffschlauch und dessen Schelle montieren beziehungsweise demontieren zu können. Für den Rücklauf und für die Tankentlüftung bohrte ich jeweils ein Loch mit einem Durchmesser von 20 Millimeter.

Die komplette Kraftstoffpumpeneinheit montierte ich wunderbar kompakt am Unterboden unmittelbar unter dem Tank. Damit sich später keine störenden Schwingungen der arbeitenden Kraftstoffpumpe auf die Karosserie übertragen können, befestigte ich die komplette Pumpeneinheit mittels Silentbuchsen aus Gummi mit metrischem Gewinde am Unterboden. Die für die Silentbuchsen erforderlichen Befestigungsmuttern, welche sich am Kofferraumboden unter dem Tank befinden würden, schweißte ich nach dem Bohren von passenden Löchern vom Kofferraum aus am Tankbodenblech fest. So würde ich bei späterer Montage oder Demontage nicht zwingend mit einem zweiten Schrauben-schlüssel mittels akrobatischen Showeinlagen von oben gegen-halten müssen. Die eigens dafür angeschweißten Muttern der Größenordnung M8 würden sich glücklicherweise unter dem Tank befinden, somit ist auch diese Modifikation absolut unsichtbar.

Ehrlich gesagt war mir nicht ganz sicher, welcher Stutzen der Kraftstoffpumpe welche Funktion besitzen würde. Als richtig stellte sich folgendes heraus: Der dicke Stutzen ist die Saugseite (wird also in Richtung Tank angeschlossen) und der dünne Stutzen ist die Druckseite (also zum Motor hin).

Zwischendurch schweißte ich noch zusätzlich die passenden Sechskantmuttern der Größenordnung M6 für den späteren Halter des Kraftstofffilters vom Innenraum aus im Bereich der Rückbank an. Natürlich bohrte ich vorher vom Unterboden aus, dort waren ja auch meine zuvor angebrachten Markierungen, die passenden Löcher. Ausserdem schweißte ich, wo ich ja schließlich gerade das Schutzgasschweißgerät im Gebrauch hatte, ebenso vom Innen- und vom Kofferraum aus die beiden Sechskantmuttern der Größe M8 für die besagten Anschlagpuffer der Auspuffanlage an. Sozusagen als anschließende "Entspannungsmaßnahme" widmete ich mich nun dem optischen Erscheinungsbild der zukünftigen

Hinterachse. Ich ließ nun endlich das alte, stinkende Öl ab und säuberte sie erst einmal grob von außen. Den alten Differentialdeckel montierte ich wieder provisorisch als Schutz, da ich den eigentlich für diese Achse vorgesehenen Aludeckel nicht mitlackieren wollte. Um später die

Bremsleitungen montieren zu können, schweißte ich vorher einfach Sechskantschrauben in M6x15 an der betreffenden Stelle der Hinterachse an, nachdem ich die originalen, unbrauchbaren Haltelaschen mit dem Winkelschleifer entfernte.

So ließen sich später auf diesem Wege wunderbar die Bremsleitungen mit passenden Gummi-Metall-Schellen und Federringen mit Hutmuttern schonend befestigen. Vor allen Dingen konnten sie ab sofort jederzeit wieder beliebig oft ab- und wieder angebaut werden, was mit den originalen Haltelaschen in keinster Weise zufriedenstellend auf Dauer funktioniert hätte.

"Tonne auf, das ganze Geraffel zum Hühnerblut und Rum dazuschmeißen, Feuer hinterher - fertig gemoddet."

(Weisheit aus dem Internet)

Getriebetunnel, die II.

Nun befand ich, das es wieder Zeit sein würde, mich ein wenig um den Automatiktunnel zu kümmern. Ich setzte selbigen von unten provisorisch ein und mittels einer stattlichen Anzahl Feststellzangen fixierte ich ihn. Eigentlich benutzte ich alle Feststellzangen, die ich hatte. Ich war nicht nur erstaunt, wie viele Feststellzangen ich eigentlich besaß, vielmehr beeindruckte mich, wie unbeschreiblich schlecht ein Getriebetunnel in ein eigentlich dafür bestimmtes Fahrzeug passen konnte. Ich musste den Getriebetunnel mit mehreren Rangierwagenhebern und unzähligen Holzklötzen gefügig machen. Es schien so, als wüsste der Getriebetunnel garnicht, das er doch

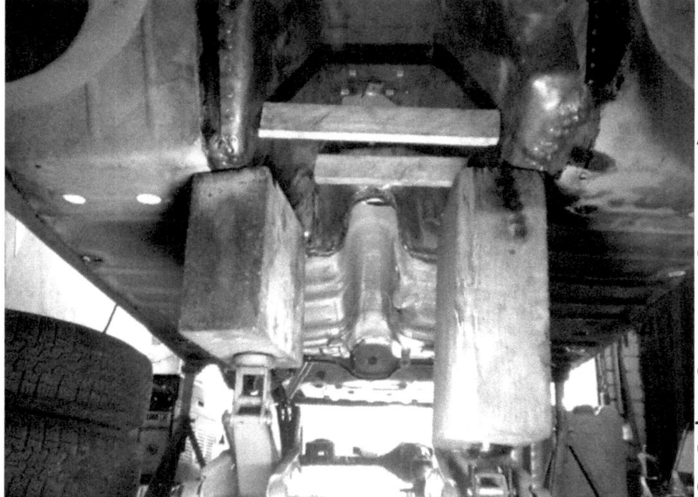

normalerweise in dieses Auto hineinpassen sollte. Also half ich nach und zeigte es ihm. Bewaffnet mit einem Blechhammer, Faust, Dorn und Schweißgerät erkämpfte ich mir jeden einzelnen der Anfangs unendlich scheinenden Schweißpunkte. Der Sicherheit und der Passgenaugigkeit wegen, in wechselnder Weise vom Innenraum und vom Unterboden aus. Jeder, der behauptet, eine solche Arbeit sei eine Aufgabe für lediglich einen Nachmittag, hat entweder schlampig gearbeitet, kein Gefühl für die Zeit oder schlichtweg gelogen.

Oder im schlimmsten Fall sogar alles zusammen auf einmal.

Um auf "Nummer Sicher" gehen zu können, benutzte ich nicht nur die von mir vorgestanzten Löcher zum Punktschweißen, sondern setzte auch noch zusätzlich daneben auf der Blechaußenkante ab und zu einen Schweißpunkt, jeweils, wie sollte es anders sein, vom Unterboden und dem Innenraum aus. Wichtig war mir, dass das Blech spaltfrei aufeinander liegt. Auch im Bereich der Motorspritzwand setzte ich aus Sicherheitsgründen jeweils vom Innen- und vom Motorraum

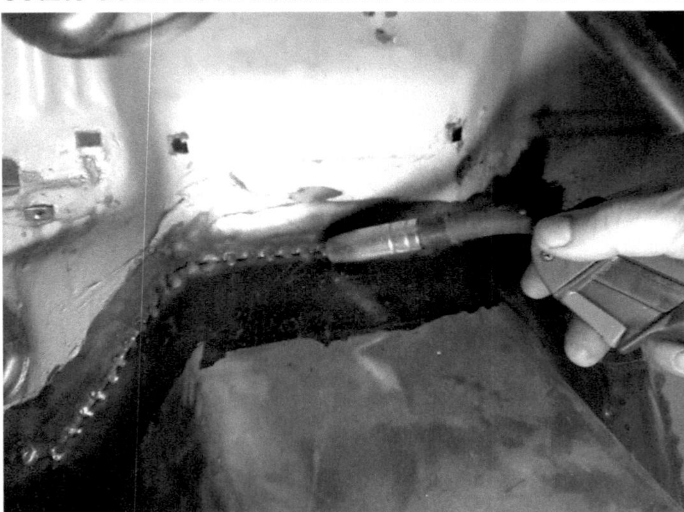

aus einige zusätzliche Schweißpunkte.

Nach dem akribischen "Sauberschleifen" sämtlicher Schweißpunkte flutete ich selbstverständlich alle Flächen, Ritzen und Überlappungen großzügig mit meinem Lieblingsrostumwandler "Fertan".

"Vor Gebrauch schütteln - nach dem Schütteln nicht mehr zu gebrauchen."

(Weisheit aus dem Internet)

Hinterachse, die II.

Nun demontierte ich an der "großen" CIH Hinterachse des Opel GT das Stahlverlängerungsrohr und versah so das Gehäuse der Hinterachse mit einem neuen, an der Dichtlippe leicht eingefetteten, Wellendichtring. Außerdem verbaute ich ein neues Gummilager am Anschlussflansch der Kardanwelle. Das alte war schon ziemlich porös und somit absolut unbrauchbar.

Auch die beiden Dämpfungsgummis an dem Karosseriehalter des Deichselrohres erneuerte ich. Sie sind ein wenig störrisch und mussten mit einer Portion sanfter Gewalt dazu überredet werden, ihren neuen Platz einzunehmen. Außerdem verbaute ich voller Stolz eine verstärkte Deichselwelle, damals ersteigert dank einer Onlineauktion bei einem "professionellen" Umbauer. Dieser bietet derartige "Tuningwellen" vermutlich heute noch feil. Dies geschieht im "Austausch" durch vorheriger Einsendung einer "Originalwelle". Das genau diese "ver-

stärkte" Deichselwelle später der Grund für eine gründlich in die

Hose gegangene Probefahrt sein würde, wusste ich zu diesem Zeitpunkt selbstverständlich noch nicht.

Aus Zeitgründen sah ich erst einmal davon ab, Bauteile und Halter der sonst originalen Hinterachse mit Zusatzmaterial wie Streben und so weiter zu verstärken. Mal am Rande bermerkt, vieleicht versuche ich später sogar einmal, die gründlich vermurkste (ich meine "verstärkte") Deichselwelle zu einer diesmal reibungslosen Mitarbeit zu überreden. In dieser Phase des Umbaus kämpfte ich erst einmal mit anderen Problemen und wollte das Auto einfach nur zeitig fertig bekommen.

Denn mich beschlich das ungute Gefühl, umso mehr Zeit ins Land ziehen würde, desto schwieriger würde es vermutlich später mit der Motoreintragung werden. Wenn man einigen

"Stimmen" im sagenumwobenen Internet Glauben schenken darf, wird es in absehbarer Zeit nicht nur bedeutend schwieriger, sondern angeblich gar unmöglich werden, derartige Motorumbauten legal eingetragen zu bekommen.

Da bin ich ja mal echt gespannt.

"Aerodynamics is invented by people that can´t build decent engines."

(Enzo Ferrari)

Motorkauf

Endlich bin ich dann doch in Sachen Motor fündig geworden! Es wurde schliesslich ein C20XE aus einem Opel Calibra 4x4 mit einer Motronic der Version 2.5. Dieser wurde, wenn ich mich recht erinnere, in einer Onlineauktion für stolze 800,- € angeboten. Der damalige Anbieter ging tatsächlich auf mein freches Angebot von lediglich 600,- € ein und brach die Auktion in für mich überraschender Weise ab. Genial jedoch fand ich, das dieser Motor einen sagenumwobenen "Coscast"-Zylinderkopf besaß und keine Wegfahrsperre an Bord hatte. In einem günstigen Leihanhänger für 20,- € pro Tag packte ich den kompletten Motor mit Steuergerät, Kabelbaum, Generator, Starter, Zündanlage, Auslasskrümmer, Aktivkohlefilter, Wasserschläuche und vieles mehr. Die Laufleistung betrug laut Anbieter lediglich ca. 120.000 Kilometer (wie immer). Ist es nicht seltsam, das die angebotenen Motoren meistens eine recht geringe Laufleistung besitzen? Ein Schelm, wer böses dabei denkt. Im Nachhinein würde ich

jedoch sagen, stimmt es in diesem Fall ausnahmsweise mal.

Voller Zuversicht ließ ich den von OHV auf CIH umgebauten Vorderachskörper (käuflich bei mir zu erwerben, auch als Bausatz zum "selbermachen", alles nur solange der Vorrat reicht), die Motorhalter des Opel Manta 1.8S, die Hinterachsverlängerung und den einstellbaren Panhardstab sandstrahlen. Danach behandelte ich die Teile wie gewohnt mit "Fertan"-Rostumwandler und strich sie zweimal mit "POR15".

Bei diesem Teufelszeug (Made in U.S.A.) sind Handschuhe absolute Pflicht. Es sei denn, man hat die Möglichkeit, für den Zeitraum von ca. zwei Wochen jeglichen sozialen Kontakt zu anderen (sehenden) Menschen unterbinden zu können. Vergesst Henna, denn "POR15" kann die absolute Hölle sein, vor allen Dingen komischerweise die Farbe "Silber".

Ach so, für alle Tierliebhaber: Die Arbeit, die ich mir bezüglich der Motorhalter vom Opel Manta 1.8S machte, war völlig für die Katz.

Um es kurz zu machen: Vergesst das dumme Geschwätz über diese Bauteile in zahlreichen Online-Umbauanleitungen. Diese Motorhalter lassen sich zwar am Motor anschrauben, jedoch passt dieser dann nicht einmal ansatzweise in den Motorraum! Der Motor sitzt mit diesen Haltern an einer völlig falschen Stelle!

"Passt die Katze drunter - muss das Auto runter."

(Weisheit aus dem Internet)

Panhardstab

Einen Panhardstab, mit dem man die Hinterachse im eingebauten Zustand "zentrieren" kann, baute ich mir übrigens bereits im Vorfeld selbst.

Ich besorgte mir einfach beim örtlichen Schraubenfritzen zwei kurze Gewindestangen in der fetten Größe M20. Und zwar eine mit Rechtsgewinde und eine mit Linksgewinde. Natürlich kaufte ich mir auch noch zwei passende Muttern je Gewindestange dazu.

Als Startschuss steckte ich den Stecker meines Lieblingswinkelschleifers von Bosch (blaues Profi-Programm) in die Kabeltrommel und schnitt voller Freude einfach die Halteösen des originalen Panhardstabes ab. Ich ließ an den Enden ungefähr 60 Millimeter Rohr stehen.

Um nicht im Anschluss doch noch den Verbandkasten suchen zu müssen, hörte ich ausnahmsweise mal auf meine innere Stimme und entgratete die Schnittstellen. Jetzt schraubte ich geschwind die Muttern auf die Gewindestangen und steckte diese bis zum Anschlag in die beiden Enden des Panhardstabrohres. Die dabei jeweils anliegende Mutter punktete ich am Panhardstabrohr mit dem Schutzgasschweißgerät provisorisch an. Nachdem ich die Gewindestangen wieder herausdrehte, wurden im Anschluss die Muttern mit einer durchgehenden Schweißnaht versehen.

An den beiden abgeschnittenen Endstücken des Panhardstabes schob ich anschließend je eine Gewindestange ungefähr 20 Millimeter weit hinein, mit einer guten Portion Augenmaß richtete ich diese aus und punktete auch diese provisorisch an. Damit der Panhardstab später auch wirklich brauchbar sein würde und nicht zum Zierteil mutieren würde, schraubte ich alles erneut provisorisch zusammen und prüfte die

Flucht des Gesamtkunstwerkes, sprich ich schaute genau ob das

Teil auch wirklich einigermaßen gerade geworden war. Noch würden sich zur Not Unstimmigkeiten mit leichten Hammerschlägen aus der Welt schaffen lassen (wie in jeder guten Ehe halt).

Klar, dass ich im Anschluss alles mit einer sauber durchgehenden Schweißnaht absegnete. Die beiden Muttern, die nicht angeschweißt wurden, dienten (je eine pro Seite) als Kontermutter, um so den später im eingebauten Zustand perfekt eingestellten Panhardstab mit zwei Schraubenschlüsseln (Schlüsselweite MW30) durch "kontern" gegen unbeabsichtigtes Lösen sichern zu können.

Dann entfettete und entrostete ich die Hinterachse, von der ich eigentlich gar nichts wusste (bezogen auf ihre Funktionstüchtigkeit), um sie dann mit Fertan Rostumwandler zu versehen und alles mit Rostschutzhaftgrund zu versehen.

"Ob Vergaser, Drossel oder Spritz´n - Hauptsach´s druckt di nei in Sitz."

(Weisheit aus dem Internet)

Tank

Mir war von vornherein klar, das der einfache Vergasertank für den Einspritzmotor umgebaut werden musste. Also schraubte ich den alten Schraubstutzen für den Vorlauf aus dem Tank heraus und verschloss das so verbliebene Gewindeloch mit einer Schraube. Alternativ könnte man den Schraubanschluss zulöten und wieder einschrauben, er würde sowieso nicht mehr gebraucht werden. Den Entlüftungsstutzen im oberen Bereich des Kraftstoffbehälters verschloss ich mit einem kleinen Stück Kraftstoffschlauch (8 Millimeter), zwei passenden Schlauchschellen und einer Schraube der Dimension M8 als Blindstopfen. Nun drehte ich den Tank in die urspüngliche Einbaulage und befüllte ihn über den Einfüllstutzen randvoll mit Wasser. Ich wollte auf diesem Wege verhindern, dass sich im Inneren des Kraftstoffbehälters ein explosionsfähiges Kraftstoff-/Luftgemisch bildet. Als Verschluss für den Einfüllstutzen nahm ich simplerweise den Tankdeckel. Für den zukünftigen An-

schlussstutzen der Rücklaufleitung platzierte ich oben auf dem

Tank neben der Entlüftungsöffnung einen Körnerpunkt und bohrte im Anschluss genau an dieser Stelle ein Loch mit einem Durchmesser von ca. 5,5 Millimetern. Ich versah den Bohrer vorher mit Fett, um so zu verhindern, dass Metallspäne in den Tank fallen. Den Bereich um das Loch schliff ich metallisch blank. Nun konnte ich mittels Hartlot ein ca. 25 Millimeter langes Stück Kupferrohr mit 8 Millimeter Außen-Durchmesser in Deckung mit dem zuvor gebohrten Loch rechtwinklig anlöten. Nach dem Abkühlen verschloss ich auch diesen Anschlussstutzen mit einem kurzen Stück Kraftstoffschlauch, zwei Schlauchschellen und einer Schraube.

Nachdem ich den Kraftstoffbehälter mit der Unterseite nach oben drehte, entfernte ich die Schraube für den ehemaligen Vorlauf. Ich schliff auch dort das

Blech rund um das verbliebene Loch metallisch blank. Genau an dieser Stelle lötete ich mit Hartlot ein genau 30 Millimeter langes Stück Kupferrohr mit einem Durchmesser von 12 Millimeter ebenfalls rechtwinklig in Deckung mit dem bereits vorhandenen Gewindeloch an. Das Rohrstück durfte in meinem Fall nicht länger sein, da ich ansonsten Probleme beim Tankeinbau haben würde. Zu kurz durfte es aber auch nicht sein, schliesslich wollte ich später daran einen Kraftstoffschlauch vernünftig befestigen.

Nach dem Abkühlen entfernte ich sämtliche Verschlüsse, schüttete endlich das verdammte Wasser aus und legte den Kraftstofftank in die Sonne zum Trocknen. Sicher hätte mir diese Arbeit für kleines Geld auch der örtliche Kühlerfritze gemacht.

Als ich kurz danach die vom Opel Ascona B auf Opel Kadett B umgebauten Recaro Sitzkonsolen, die Bremstrommeln des Opel GT 1.9S und die große Hinterache schwarz glänzend mit Zweikomponentenlack lackierte, richtete ich die Farbpistole auch noch kurz auf den Kraftstofftank und hüllte ihn auf diesem Wege ebenfalls in einen schwarzen Farbnebel.

"Der Fehler ist immer da, wo man als letztes nachsieht."

(Weisheit aus dem Internet)

Bremsscheibenabdeckbleche

So langsam aber sicher wollte ich jetzt doch einmal klären, welche Radnaben ich für mein Vorhaben benutzen könnte. Es sammelten sich mittlerweile ein paar Exemplare verschiedenster Opel Modelle an. Also einfach mal ausprobieren. Die Radnaben des Opel Ascona B passten nicht, denn bei diesem Modell wurden leider Radlager mit einem etwa 2 Millimeter größerem Durchmesser verbaut. Außerdem würde sich so die Spur um ca. 10 Millimeter pro Seite verbreitern. Auch meine "sagenumwobenen" original Irmscher Kleeblattnaben mit verbreiterten Irmscher-Bremssätteln passten nicht. Sie stammten noch aus dem Rennrochen, der mutterseelenallein in der alten, verlassenen Autowerkstatt stand. Schließlich fielen mir dann doch die Achsschenkel und Radnaben eines Opel GT 1.9 in

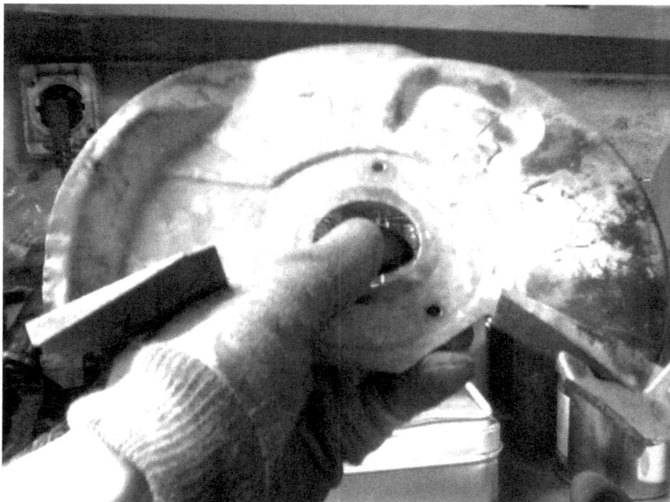

die Hände. Diese klebte ich nach einer erfolgreichen Probemontage ab, behandelte sie mit "Fertan"-Rostumwandler und strich sie zweimal mit "POR15". Zu meiner Überraschung gab es dann doch etwas, was wider Erwarten vom Opel Ascona B (nahezu) passte: Die Bremsscheibenabdeckbleche.

Sie mussten allerdings ein "klein wenig" modifiziert werden. Also spannte ich eine Radnabe des Opel GT 1.9 mit provisorisch montierten Bremssattel des Opel Rekord 2.2i in den Schraubstock und passte die Abdeckbleche Schritt für Schritt an. Falls sich jemand später allen Ernstes fragen sollte, welcher Bremssattel auf welche Seite gehört: Die Entlüfternippel gehören immer nach oben!

Zurück zu den Abdeckblechen: Ich musste zum einen die am Abdeckblech befindlichen Seitenflügel leicht nach hinten biegen, zum anderen musste ich das Loch, auf das ich mit dem Zeigefinger zeige, lediglich auf 10,5 Millimeter aufbohren. Mit einer Rundfeile zauberte ich dann im Anschluss "mal eben" aus dem gerade aufgebohrten Loch ein wunderschönes Langloch. Nun konnte ich das Abdeckblech mit einer

Schraube M8 und passender Mutter provisorisch befestigen. Nachdem ich das Abdeckblech ausrichtete, konnte ich von der Rückseite aus das nächste Loch markien. Nach dem Ankörnen bohrte ich auch dort ein 10,5 Millimeter großes Loch. Auch das kleinere, bereits an der Radnabe vorhandene Gewindeloch M6 nutzte ich. Um hier anzeichnen zu können, bediente ich mich eines recht einfachen, aber effektiven Tricks: Ich zog einfach mit einer Wasserpumpenzange die Mine aus einem wasserfesten Filzstift. Auf diesem Wege kam ich tief genug in das Gewindeloch, um so auf dem Abdeckblech meine nächste Bohrung anzeichnen zu können. Nach dem Gebrauch steckte ich die Mine natürlich wieder zurück in den Stift. Der aufmerksame Leser wird beobachtet haben, dass ich die Bremsscheibenabdeckbleche lediglich mit drei statt der originalen vier Schrau-

ben befestigte. Ich denke, ich kann mit diesem Kompromiss sehr gut leben und stelle trotz alledem keine Gefahr für die allgemeine Weltordnung dar.

Selbstverständlich erneuerte ich im Rahmen des Umbaus die Radlager. In meinem Fundus lagen zwar noch passende Gebrauchtteile, aber ich wollte später mit Sicherheit nicht wegen ein paar eingesparten Kröten den ganzen Mist wieder auseinanderschrauben.

"Nichts können ist noch lange keine neue Kunstrichtung."

(Weisheit aus dem Internet)

Ölwanne

Auch wenn es so direkt betrachtet vieleicht nicht ganz so viel mit der Ölwanne zu tun hat, so montierte ich dennoch schnell vorher den gerippten Differentialdeckel aus Aluminium an die Hinterachse.

So, aber jetzt schnell zur Ölwanne. Da leider die originale Ölwanne und somit auch das originale Ölansaugrohr des Opel Calibra 16V nicht einmal ansatzweise passte, schraubte ich sie ab. Da mir kein Ölansaugrohr des Opel Manta B 1.8S zur Verfügung stand, kann ich nicht mit Bestimmtheit sagen, ob es ohne Änderungen passen würde. Ich denke aber nicht. Da ich nun keinerlei Lust besaß, eine großangelegte Suchaktion nach dem "heiligen Gral" zu starten, entschloss ich mich, mir selber ein perfekt passendes Ölansaugrohr aus dem Originalteil des Opel Calibra 16V zu bauen.

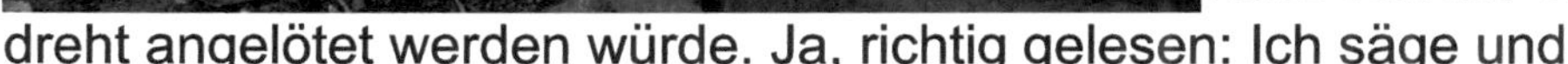

Bevor ich das Saugrohr am Anschraubstutzen der Ölpumpe bündig absägte, brachte ich eine Markierung an, damit es später nicht von mir verdreht angelötet werden würde. Ja, richtig gelesen: Ich säge und löte tatsächlich an der Hauptschlagader des Motors; dem Ölansaugrohr. Ich markierte es mit einer Anreißnadel, da der Strich eines Filzstiftes möglicherweise trotz der anstehenden Wärmebehandlung "kalte Füße" bekommen könnte und einfach verschwinden würde. Da ich das frisch abgesägte Rohrende zusätzlich um ca. 15 Millimeter mit einem Rohrschneider kürzen musste, war es also von vornherein sinnvoll, das die von mir angebrachten Markierungen mindestens 20 Millimeter lang sein würden, damit ein sichtbarer Rest der Markierung erhalten bleiben würde. Ich musste das Rohr tatsächlich kürzen, obwohl die Ölwanne des Opel Manta 1.8S ein klein wenig tiefer ist als die des Opel Calibra 16V. Warum? Das verrate ich später.

Dank der übereinstimmenden Markierungen des Stutzens und des gerade bearbeiteten Rohres konnte ich die beiden Teile rechtwinklig mit geeignetem Hartlot und dem Schweißbrenner wieder zusammenlöten. Zwischenzeitlich von mir durchgeführte Messungen ergaben, das ich das Ölansaugrohr um exakt 35 Millimeter zur Seite hin verlängern musste, um so mit dem Ansaugschnorchel mitten im Ölsumpf der Ölwanne landen zu können. Um die ideale Stelle für dieses Vorhaben ermitteln zu können, montierte ich das Ölansaugrohr provisorisch.

Als am besten geeigneten Bereich dieser "Verlängerung" wählte ich eine Stelle im Ölansaugrohr genau zwischen den beiden Pleuelstangen des zweiten und dritten Zylinders. Dort brachte ich eine Filzstiftmarkierung am Ölansaugrohr an. Nachdem ich das Ansaugrohr wieder ausbaute, begab ich mich nun daran, ein Stück Kupferrohr im Durchmesser von 18 Millimeter auf eine Länge von 65 Millimeter mit einem Rohrschneider abzulängen. Nach dem entgraten brachte ich mit einer Reißnadel absolut parallel auf der Längsachse des Ansaugrohres und dem Stück Kupferrohr eine möglichst lange Markierung an.

Ich brachte diese Markierung wie folgt an: Ich legte das zu markierende Rohr flach auf eine absolut ebene, glatte Fläche. In meinem Fall bot sich der Bohrtisch meiner Standbohrmaschine dafür an. Nun "unterfütterte" ich einfach die Anreißnadel mit einem Stück rechtwinkligem Holz und konnte so auf nahezu kompletter Länge das Rohr exakt in der Mitte längsseitig anreißen. Wer einen Parallelanreißer besitzen sollte, wäre besser beraten, wenn er diesem den Vorzug geben würde.

Nun schnitt ich das Ölansaugrohr an der zuvor mit dem Filzstift angebrachten Markierung mit einem Rohrschneider durch. Um später sicherzustellen, das ich das Kupferrohr auch genau 15 Millimeter auf das Ölansaugrohr aufstecken würde, brachte ich vorher an den beiden Enden des eben durchgeschnittenen Ansaugrohres mit

Zollstock und Anreißnadel bei 15 Millimeter, vom jeweiligen Rohrende aus, eine Markierung an. Nach dem Aufstecken und Ausrichten aller Markierungen lötete ich die betreffenden Teile wieder mit Hartlot und Schweißbrenner zusammen.

Da ich bereits im Vorfeld durch verschiedene Messungen an den Originalteilen des Opel Calibra 16V ermittelte, dass im eingebautem Zustand zwischen Ölansaugschnorchel und Ölwannenboden ab Werk lediglich 4 Millimeter Abstand zu finden sind, musste ich in meinem Fall das untere Ende des Ölansaugrohres um 10 Millimeter verlängern.

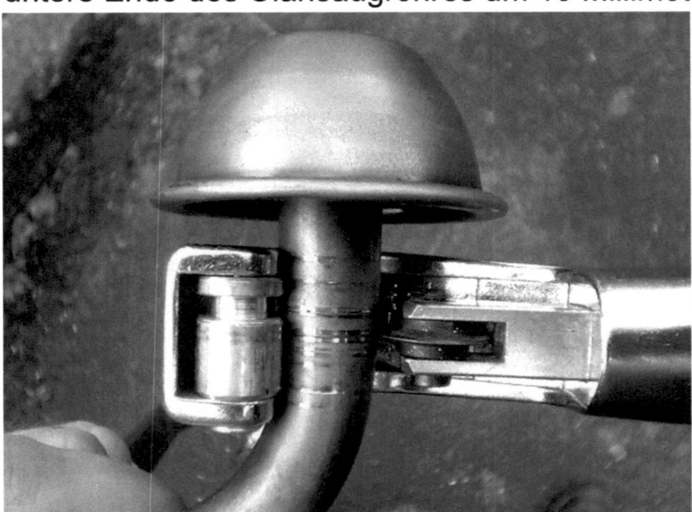

Hierzu schnitt ich das Ölansaugrohr im Bereich über dem Ansaugschnorchel mit einem Rohrschneider durch. Da ich nun die seltene Gelegenheit nutzen konnte, das Ansaugsieb gegen das Licht zu halten und durchzuschauen, stellte ich mit Erschrecken fest, dass es locker zu 50%

verstopft war. Ich nutzte selbstverständlich die Gelegenheit dazu,

das Metallsieb peinlichst genau zu reinigen. Ich tat dies vorsichtig mit Hilfe einer Nadel und reichlich Bremsenreiniger.

Nun schnitt ich erneut ein Stück Kupferrohr mit einem Durchmesser von 18 Millimeter auf eine Länge von 30 Millimeter zurecht.

An dem zuvor durchgeschnittenen Ölansaugrohr brachte ich an jedem Ende jeweils mit der Reißnadel bei 10 Millimeter, wieder vom jeweiligen Rohrende aus gemessen, eine Markierung an, damit das

Kupferrohr wie zuvor nicht zu wenig oder zu weit übergestülpt wird. Ein Verdrehen zu verhindern ist in diesem Fall nicht notwendig, da das Ansaugsieb absolut symetrisch, sprich rund ist. Auch hier lötete ich ein letztes Mal alle Teile wieder fein säuberlich mit Hartlot und Schweißbrenner zusammen. Nachdem ich das Ölansaugrohr als solches und den Anschlußstutzen am Motorblock sorgfältig reinigte, konnte ich das Ansaugrohr mit einer passenden Dichtung und den zwei originalen Sechskantschrauben der Abmessung M6 wieder anschrauben. Zusätzlich wurde das Ansaugrohr mit dem originalen Halter ungefähr in Höhe des dritten Zylinders mit einer Sechskantschraube wie damals ab Werk am Motorblock fixiert.

Da ich mir ganz sicher sein wollte, dass das Ölansaugrohr nun weder zu tief noch zu hoch in den Ölsumpf der Ölwanne hineinragen würde, führte ich wie gesagt eine Kontrollmessung durch. Diese Messungen ergaben dann in meinem Fall, dass gemessen ab der Dichtfläche des Motorblockes das Ölansaugrohr exakt 130 Millimeter in die Tiefe ragen

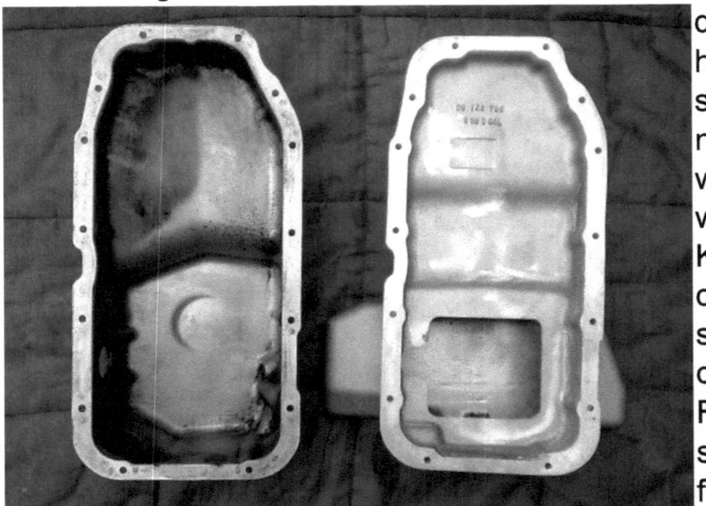

musste. So würde gewährleistet werden, das zwischen Ansaugsieb und Ölwannenboden die erforderlichen 4 Millimeter Abstand zu finden sind. Die Ölwanne des Opel Manta 1.8S ist zwar innen vier Millimeter tiefer als die des Opel Calibra 16V, aber ich musste ja das Ölfangblech und die dafür erforderliche zweite Ölwannen-Dichtung weglassen. So kam die Ölwanne des Opel Manta B 1.8S um ca. 3,8 Millimeter weiter nach oben.

Das Ölfangblech des Opel Calibra 16V musste ich aus folgendem Grund weglassen: Es passte schlicht und ergreifend einfach nicht. Das nächste Problem: Dank der von mir weggelassenen, zweiten Ölwannendichtung passten auch die originalen Schrauben der Ölwanne des Opel Calibra 16V nicht mehr. Sie waren nun logischerweise zu lang und mussten in mühevoller Handarbeit gekürzt werden. Und zwar von dem Maß M6x22 auf M6x16.

Klar, ich hätte auch einfach passende Schrauben neu kaufen können, aber in diesem Fall würde die zusätzliche, dämliche Umherlauferei alles nur weiter unnötig hinauszögern, da der Schraubenladen meines Vertrauens bereits an diesem Tage geschlossen war.

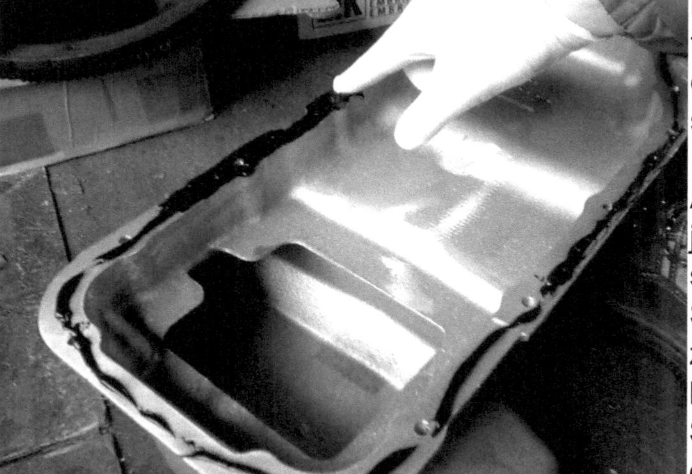

Also spannte ich jede der insgesamt vierzehn Schrauben horizontal am Sechskantkopf in den Schraubstock, um dann einen Gewindeschneider M6 bis zum Anschlag aufdrehen zu können. Nun sägte ich die betreffende Schraube auf ca. 16 Millimeter Gewindelänge ab und entgratete mit einer Feile das nun scharfkantige Gewindeende. Jetzt kam der vorher aufgedrehte Gewindeschneider wieder ins Spiel: Durch das Abdrehen des selbigen wurde das vorher durch das Absägen und feilen vermurkste Gewindeende in einem Durchgang wieder "repariert".

Nun noch schnell die Dichtflächen der Ölwanne sorgfältig säubern, mit Dichtmittel versehen und alles mittels der besagten vierzehn Sechskantschrauben an den Motorblock montieren.

Beim anschließenden Ausbau des Auslasskrümmers ist es hier und da vorgekommen, das beim Abschrauben der Krümmermuttern der komplette Stehbolzen mit herausgedreht wurde. Vorsichtshalber erneuerte ich alle Stehbolzen. Die alten Stehbolzen drehte ich mittels Kontermutter heraus- und die neuen auf diesem Wege wieder vorsichtig herein, denn der Zylinderkopf ist ja nun ungewohnt weich, entgegen dem vorher eingebauten "Rüsselsheimer Eisenhaufen" bestand dieser jetzt nämlich aus feinstem Aluminium.

Zur Entspannung stellte ich im Anschluss durch biegen und bördeln neue Bremsleitungen für die Hinterachse her. Ich verbaute sie sofort im Anschluss.

"Alkohol am Steuer ist gefährlich! Denn am Ende fährt man irgendwo gegen und das ganze Zeug ist verschüttet!"

(Weisheit aus dem Internet)

Lenksäule

Der Hupenknopf des Sportlenkrades aus dem Opel Kadett B Rallye ließ sich einfach von Hand abziehen. Dahinter wartete schon voller Ungeduld eine Mutter der Schlüsselweite MW15 auf mich, endlich abgeschraubt zu werden. Nachdem ich ihr gerne diesen Gefallen tat, ließ sich im Anschluss das Lenkrad trotzdem nicht ohne weiteres abnehmen. Ich erinnerte mich dunkel an einem in meiner Lehrzeit selbstgebauten Lenkradabzieher, damit hat es schon in der Vergangenheit wunderbar geklappt. In meiner Sturm- und Drangzeit habe ich nämlich auch schon einmal (an meinem ersten Auto, einem Kadett C Coupe) das Serienlenkrad nicht abbekommen und "baute" es einfach mit einem Hammer aus. Die so auf diese Weise

zusammengestauchte, perfekt zerstörte Sicherheitslenksäule durfte ich durch eine (in stundenlanger Kleinarbeit ausgebauten) Ersatzlenksäule vom örtlichen Schrottplatz ersetzen. Wer will, kann diese Erfahrung auch gerne selber machen. Oder lieber doch direkt zu einem geeigneten Abzieher greifen? Wie auch immer.

So, das Lenkrad lag nun endlich im Regal. Um nun die Armaturentafel inklusive Tacho auszubauen, musste ich von unten (unter dem Armaturenbrett) die Tachowelle durch lösen der Rändelmutter von Hand losschrauben. Nun konnte ich die Armaturentafel ein Stück weiter herausziehen, um vorsichtig die merkwürdig geformten Stecker abziehen zu können. Als Lohn dieser Arbeit durfte ich endlich den Tacho herausnehmen. Das untere Prallpolster des Armaturenbrettes verläuft auf ganzer Wagenbreite und ist angeschraubt. Um besser arbeiten zu können, schraubte ich den Handschuhfachdeckel ab und demontierte auch gleich das Innenfach mittels eines Kreuzschlitzschraubendrehers nach unten heraus. Das genau dieses Innenfach später nicht mehr ohne weiteres passen würde, hätte ich zu diesem Zeitpunkt noch nicht einmal ansatzweise vermutet.

Durch die nun vorhandenen Löcher des fehlenden Schalttafeleinsatzes und des Handschuhfaches kam ich super an die beiden Muttern (Schlüsselweite MW7) des unteren Prallpolsters heran, nahe der jeweiligen A-Säule. Der Rest ist geclipst und kann vorsichtig per Hand herausgezogen werden. Dabei werden auch gleichzeitig der Schalter für die Heckscheibenheizung und des Innenraumlüfters mit ausgebaut. Nun konnte endlich der Prallschutz unterhalb der Lenksäule

in Höhe des Zündschlosses ausgehangen werden. Ohne Demontage des unteren Armaturenbrettpolsters kann man den Prallschutz am Zündschloss nicht ohne Beschädigung ausbauen.

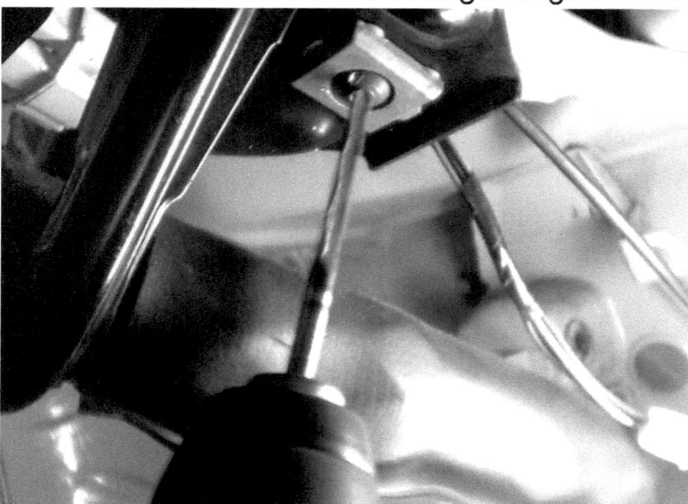

Wohl um es damaligen, potentiellen Autodieben schwer machen zu wollen, wurde die Lenksäule ab Werk mit sogenannten Abreißschrauben montiert. Das bedeutet: Bei der Montage reißt der Sechskantkopf einfach ab und hinterlässt einen halbrunden, nicht zu fassen bekommenden Kopf, ähnlich einem Niet. Um diese Abreissschraube trotzdem demontieren zu können, körnte ich sie an der Lenksäule schön mittig an und bohrte sie mit einer Bohrmaschine und viel Geduld aus. Ich startete mit einem Bohrer im Durchmesser von 4 Millimetern, um schlussendlich den Kopf mit einem Bohrer von 7 Millimeter Durchmesser komplett abgebohrt zu bekommen.

Mit dem nächsten Handgriff trennte ich die elektrischen Verbindungen der Lenksäule, welche lediglich aus zwei Steckern bestanden. Die beiden Muttern der Dimension M8, ehemals durch den Prallschutz unterhalb der Lenksäule verdeckt, schraubte ich ab, um nun die Lenksäule vorsichtig herausnehmen zu können. Vorsichtig deswegen, weil ich auf keinen Fall die beiden Distanzröhrchen unter den beiden Muttern mitsamt des Aluminiumkeiles, welcher sich unter der ehemaligen Abreißschraube befand, verlieren wollte. Der

Gewinderest der zuvor abgebohrten Abreißschraube ließ sich später mit einer Zange ohne große Mühe herausdrehen.

Zum Schluß baute ich noch das obere Armaturenbrettpolster aus, es war mit einer handvoll kleiner Muttern angeschraubt. In dem Armaturenbrett selber sind kurze Gewindebolzen eingegossen, je an der Seite und in der Mitte, es dürfte kein Problem sein, die Muttern zu lokaliseren und gewaltfrei zu entfernen.

Einen trotz aller Vorsicht herausgerissenen Gewindestift setzte ich später mit Heißkleber wieder in das Armaturenbrett ein. Eine absolute Schnapsidee wie ich im Nachhinein feststellen musste, denn der Heißkleber hielt den sommerlichen Innenraumtemperaturen in keinster Weise stand und wird in Kürze durch einen temperaturbeständigeren Zweikomponentenkleber ersetzt.

"Die Kunst langweilig zu sein, besteht darin, alles zu sagen, was man weiß."

(Weisheit aus dem Internet)

Schwungscheibe

Da ich die Schwungscheibe ohnehin erleichtern lassen wollte, schraubte ich sie lässig mit einem Druckluftschrauber ab. So brauchte ich den Motor in keinster Weise blockieren, Trägheit der Masse sei Dank.

Bei unserem örtlichen Motoreninstandsetzer ließ ich sie für 50,- € erleichtern und feinwuchten. Ich würde es niemanden empfehlen, eine mehrere Kilo schwere Stahlscheibe, die sich später ca. 30 Zentimeter von den Fussknöcheln entfernt mit locker 6000 min-1 dreht, ungewuchtet zu verbauen.

Zum Thema Diät: Die originale Schwungscheibe wog satte 6650 Gramm. Nach der Schlankheitskur wog sie nur noch 5810 Gramm. Eine leichtere Schwungmasse macht den Motor ein wenig drehwilliger. Ich wog die Schwungscheibe übrigens mit einer geeichten Paketwaage im DHL Shop im örtlichen Kiosk. Die Gemüsewaagen im Supermarkt waren hingegen nicht geeignet, denn diese reichten lediglich bis 6000 Gramm. Nur mal so am Rande, falls jemand mal auf eine ähnliche Idee kommen sollte.

Trotzdem: Die nächste Scheibe wird wesentlich leichter werden.

Beim Einbau der Schwungscheibe sollten am besten nur "neue" Dehnschrauben verwendet werden, in Kombination mit einer chemischen Schraubensicherung der Güte „mittelfest“ aus der Tube.

Auf jeden Fall ist das vom Hersteller vorgegebene Anzugsmoment zu beachten. Den Motor blockierte ich eigens für diese Tätigkeit mit einem großem Schlitzschraubendreher am Starterzahnkranz (also an der Schwungscheibe), damit sich dieser beim Anziehen der Schrauben nicht dauernd mitdrehen würde.

Bevor ich die neue Kupplung montierte, schliff ich die Reibfläche der Schwungscheibe mit Schleifpapier an und reinigte sie im Anschluss mit einem Lappen und Bremsenreiniger. Da ich die flache, leichte Tellerschwungscheibe beibehalten wollte, musste ich die Kupplungscheibe des Opel Calibra 2.0 16V Turbo (C20LET) verbauen, da nur diese die "passende Verzahnung" zur Getriebeeingangswelle des von mir verbauten Getriebes (Getrag 240) besaß. Den Kupplungsautoma-

ten nahm ich hingegen vom Opel Calibra 2.0 16V, passend zur flachen Tellerschwungscheibe. Der Kupplungsautomat des Opel Calibra Turbo würde nur bei der Verwendung der sogenannten "Topfschwungscheibe" passen.

Die Kupplung selber zentrierte ich für die Montage mit einem selbstgedrehten Zentrierdorn. Es würde auf jeden Fall auch mit einem Universal-Zentrierdorn funktionieren. Oder vieleicht sogar einfach mit einer guten Portion Augenmaß. Man munkelt.

Das Ausrücklager nahm ich passend zu meinem "Getrag 240" vom Opel Rekord 1.8i. Alle Teile waren neu im normalen Autoteilezubehör erhältlich.

"Mungokernsprossen schmecken am besten, wenn man sie kurz vor dem servieren durch ein saftiges Steak ersetzt."

(Weisheit aus dem Internet)

Pilotlager

Die frontgetriebenen, quer eingebauten Motoren besitzen kein Pilotlager in der Kurbelwelle, dort wird scheinbar die Getriebeeingangswelle im Getriebe selber ausreichend geführt. Im heckgetriebenen Fahrzeug ist dies leider nicht der Fall, deshalb musste ich dort unbedingt ein Pilotlager nachrüsten. Ich reinigte den Pilotlagersitz in der Kurbelwelle mit Bremsenreiniger und Putzlappen. Im Anschluss daran trieb ich das Pilotlager vorsichtig, bündig im Abschluss mit der Kurbelwelle, unter Zuhilfenahme eines Kunststoffhammers ein.

Das Pilotlager darf auf keinen Fall verkantet oder zu weit eingetrieben werden. Auch das Pilotlager ist als Neuteil erhältlich, zum Beispiel vom Opel Manta B / Rekord E 1.8S (Opel Teile-Nr.: 0614706 / SACHS-Nr.: 3151 000 746 009).

"Kluge Dinge erscheinen geistig minderbemittelten Leuten meistens seltsam."

(Weisheit aus dem Internet)

Trommelbremse

Als ich die Hinterachse mal wieder provisorisch einbaute, packte ich die Gelegenheit am Schopfe und prüfte die Trommelbremse.

Um später kein Risiko beim Bremsen und bei der hoffentlich bald anstehenden TÜV-Untersuchung (das ich das einmal sagen würde) einzugehen, entschied ich mich, die Bremsbeläge, sämtliche Federn und auch die Radbremszylinder zu erneuern. Die Bremsleitungen und das Feststellbremsseil fehlten ohnehin, somit würde ich auch diese erneuern müssen. Lediglich die Bremstrommeln wurden von mir geprüft, für gut befunden und ein wenig schwarz glänzend lackiert. Um die Bremstrommeln herunternehmen zu können, musste ich allerdings im Vorfeld von der Rückseite (Bremsankerplatte) aus mit einem Schraubenschlüssel MW17 die Bremsbacken zurückstellen.

Wie sollte es anders sein, es gibt tatsächlich zwei verschiedene Varianten der Bremsbacken. Der Unterschied ist lediglich die Aufnahme für das Feststellbremsseil. Nur für die Akten: Es gibt Feststellbremsseile in der Variante mit einer "Kugel" am Ende (für Fahrzeuge "bis Fahrgestellnummer"). Für Fahrzeuge "ab Fahrgestellnummer" ist am Ende des Festellbremsseiles eine "Öse" vorhanden.

Nach dem demontieren der Bremsbacken schraubte ich die Entlüfternippel aus den Radbremszylindern heraus, damit ich besser mit einem Leitungsschlüssel MW10 die Bremsleitungsreste herausschrauben konnte. Die Schrauben des Radbremszylinders ließen sich mehr schlecht als recht herausschrauben. Mit leichten Schlägen eines Kunststoffhammers half ich dem Radbremszylinder im wahrsten Sinne des Wortes "auf die Sprünge". Den Innenteil des Staubschutzbleches, vor allem an den Berührungspunkten der Bremsbacken, reinigte ich gewissenhaft mit einer Drahtbürste und Bremsenreiniger aus der Dose. Damit in die gerade frisch montierte Bremsleitung kein Schmutz gelangen konnte, steckte ich einfach frech die Gummischutzkappe eines Entlüfternippels auf das Leitungsende. Ausserdem musste ich die beiden Einstellnocken der Bremsbacken ein wenig "leichtgängiger" machen, unter Zuhilfenahme von Rostlöser und leichtem hin- und herdrehen. Nachdem ich die Radbremszylinder

montierte, bestrich ich die Druckstangen vor dem Einsetzen in den

Radbremszylinder an allen Auflagepunkten dünn mit Kupferpaste.

Die dazugehörigen Federn erneuerte ich wie gesagt, den Rest benutzte ich munter weiter.

Kleiner Tipp am Rande: Die untere Bremsbackenfeder schubste ich vorsichtig mittels Schraubendreher über den Auflagebock.

Die Einstellnocken der Bremsbacken stellte ich beide so weit wie möglich zurück. Vor dem Aufstecken der Bremstrommel reinigte ich die Bremsbeläge mit Bremsreiniger und einem sauberen Lappen. Mit grobem Schleifpapier rauhte ich sie leicht an. Als krönenden Abschluss stellte ich noch die Betriebs- und Feststellbremse ein. Dies geschah mittels angehobenem Fahrzeug und montierten Hinterrädern, Bremsbacke für Bremsbacke, Seite für Seite. Die Feststellbremse wurde am Feststellbremshebel vom Unterboden aus eingestellt.

"Der immense usus exterritorialer Vokabeln in der germanistischen Linguistik ist mit dezidiertem Fanatismus auf das maximale Minimum zu reduzieren! (zu deutsch: Gebraucht nicht so viele Fremdwörter!)"

(Weisheit aus dem Internet)

Rotkäppchen

Es war einmal vor langer Zeit...

Nein, keine Angst, es ist nicht "dieses" Rotkäppchen, es kommt auch kein böser Wolf. Versprochen.

Der Einbau eines sogenannten „Ansauggeräuschedämpfers" von der Tuningschmiede "Mantzel", umgangssprachlich auch "Rotkäppchen" genannt, erfolgte aus mehreren Gründen. Zum einen versprach ich mir von diesem Bauteil mehr Platz zwischen dem Motor und der Motorhaube, zum anderen war ich nicht abgeneigt, sinnvolles, sportliches Zubehör zu verbauen.

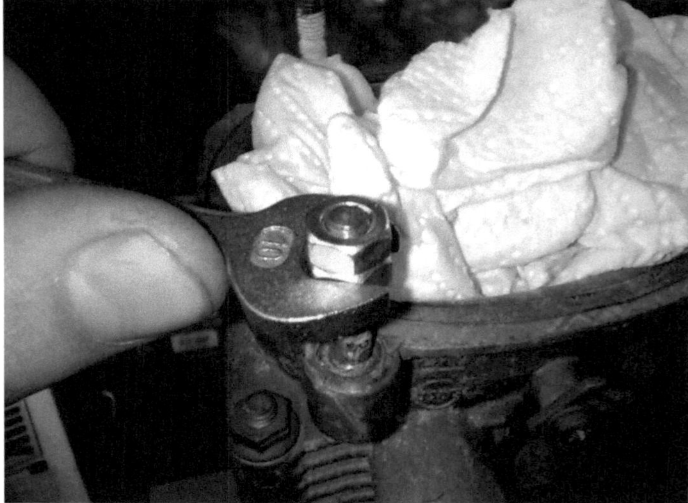

Bezüglich der eventuell anstehenden Platznot: Traut man den Informationen im Internet, muss es wohl schon Motorumbauten gegeben haben,

bei denen platzbedingt Verstärkungsstreben der Motorhaube ersatzlos entfernt wurden.

Und das nur, um die Motorhaube überhaupt schließen zu können.

Da würde ich lieber auf den originalen (wie ich finde, außerdem zu modern wirkenden) SFI-Kasten aus Kunststoff verzichten. Trotzdem würde ich gerne einmal irgendwann, wenn auch nur testweise, den Motor mit dem originalen SFI Kasten zwecks Vergleich in meine Limo fahren wollen.

Um das Rotkäppchen zu verbauen, baute ich also den alten SFI-Kasten ab und verstopfte in weiser Voraussicht den Ansaugtrichter mit einem sauberem Lappen. Die an der Ansaugbrücke verbliebenen Stehbolzen der Dimension M6 drehte ich mit Hilfe von zwei gekonterten Muttern M6 heraus. Um sicherzustellen, dass ich die Ansaugbrücke nicht beschädigen würde, schnitt ich die in der Ansaugbrücke vorhandenen Gewinde mit einem passenden Gewindebohrer nach. Nun konnte ich das Rotkäppchen mit den beigefügten Innensechskant-Schrauben und einer Papierdichtung (ohne zusätzliche Dichtmittel) montieren.

"Du hast mein Misstrauen verbraucht!"

(Weisheit aus dem Internet)

Motorhalter

Ein jeder, der sich zumindest theoretisch mit dem Einbau des legendären C20XE in einem Opel Kadett B beschäftigt hat, wird zugeben müssen, das er immer wieder auf folgende Information im Internet trifft:

Man benötigt die passenden Aluminium-Motorhalter aus einem Hecktriebler mit OHC Motor.

Selbstverständlich beschaffte ich mir schon im Vorfeld die eben erwähnten Motorhalter des Opel Manta 1.8S, also mit OHC Motor. Sie liessen sich tatsächlich absolut ohne Probleme an den DOHC-Motor schrauben! Allerdings war es das schon an Erfolgserlebnissen, denn als tatsächlich der große Moment kam, nämlich das erste Einhängen des Motors, durchfuhr mich ein regelrechter Schock! Der Motor passte in keinster Weise! Die originalen, ohnehin viel zu weichen Motorgummis des Opel Kadett B 1.9 CIH versuchten mehr oder weniger erfolglos einen Spagat zu vollführen! Außerdem baute der Motor dermaßen hoch, die Motorhaube hätte ich nicht nachbearbeiten, sondern komplett weglassen müssen!

Außerdem war der Motor meiner Meinung nach viel zu weit vorne platziert, die vermutlich grauenhafte und absolut unvorteilhafte Gewichtsverteilung hätte das Fahrzeug wahrscheinlich komplett unfahrbar gemacht, ähnlich einem Opel Kadett B mit "CIH"-Motor. Und zum guten Schluss war dort kein Platz mehr vorhanden, um einen Wasserkühler zwischen Schlossträger und Motor unterzubringen! Die Motorhalter wurden natürlich sofort demontiert und

verließen die Werkstatt schneller als sie reinkamen. Mittels unzähliger Messorgien, dem hantieren von scheinbar unendlich vielen Holzklötzen, dem unermüdlichen Einsatz der Wasserwaage und ein wenig Augenmaß, dem provisorischen Anhalten der Motorhaube, ständiger Kontrolle mittels Zollstock und der Berücksichtung aller erforderlichen Komponenten ermittelte ich zusammen mit meinem Psychologen in mehreren Sitzungen den perfekten Sitz des Motors. Ich fertigte als Basis zuerst die Grundplatten der Motorhalter, um diese an den

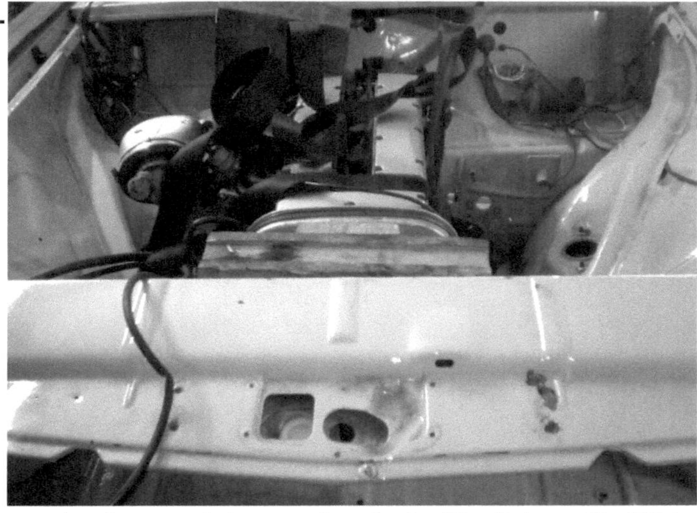

Motorblock zu verschrauben. Auf der linken Motorseite ist die Auflagefläche am Motorblock leider nicht plan, die 5 Millimeter starke Stahlplatte ließ sich nur unter Anwendung extremer Gewalteinwirkung dazu überreden sich anzuschmiegen. Ich empfand ein ähnliches Gefühl

zuletzt bei einem Ikea-Besuch. An diesen besagten Grundplatten schweißte ich die oberen Befestigungsplatten provisorisch im rechten Winkel an. Nachdem ich im Anschluss die Passgenauigkeit kontrollierte, sorgten zwei zusätzlich verschweißte Querstreben pro Halter, in Form

von Dreiecken, für eine hoffentlich ausreichende Stabilität. Als krönenden Abschluss ließ ich die fertigen Motorhalter später verzinken.

Nun war nicht nur die Gewichtsverteilung wesentlich vorteilhafter, es passte sogar, wie von Anfang an geplant, theoretisch der Wasserkühler zwischen der originalen OHV Fahrzeugfront und dem Motor. Also an nahezu gleicher Stelle wie beim zuvor original verbauten OHV

Motor. Und als ob es nicht schon schön genug wäre, ließ sich sogar noch die Motorhaube ohne irgendein Problem montieren. Und das beste zum Schluss: Sie ließ sich sogar schließen!

Und als absolutes Sahnehäubchen lag der Halter des später verbauten Getriebes (Getrag 240) absolut perfekt in einer Linie mit den am Automatiktunnel serienmäßig vorhandenen Anschraubböcken!

Allerdings muss ich schweren Herzens zugeben, war dies absoluter Zufall.

Wie ich vorher schon einmal lapidar erwähnte: Die Motorgummis des Opel Kadett B 1.9S bewährten sich leider gar nicht, sie sind schlichtweg zu weich und mit der Kraft des Motors hoffnungslos überfordert. Als brauchbar erwiesen sich einzig die Motorgummis des Opel Commodore A, welche keine "hohlen Zwischenräume" besitzen und somit wesentlich straffer sind.

Leider sind diese besagten Motorgummis weder für Geld, noch für gute Worte als "Originalteile" zu bekommen, ich fand lediglich bei der Firma O.T.R. "professionell" nachträglich zuvulkanisierte Motorgummis des Opel Rekord C. Während die einfachen Motorgummis des Opel Rekord C faire 23,90 € kosteten, schlugen die nachträglich vulkanisierten Gummis mit 49,- € pro Stück ein größeres Loch ins Kontor.

Von mir selbst "zugegossene" Motorgummis entpuppten sich in Form eines vorherigen Experimentes als absoluter Murks, die oben erwähnten Motorgummis von O.T.R. hielten allerdings noch weniger aus und waren extrem schnell im Eimer. Also Finger weg.

Die nächsten Motorgummis baue ich mir also komplett selber.

"In 10 Sekunden war ich auf 200. Da hab ich schon fünf Mal schalten müssen. Hab deshalb rechts eine breitere Hand wie links. Das kommt vom ewigen schalten in diesem Auto."

(Zitat: Walter Röhrl)

Schaltgestänge

Grobe Messungen mit einem Zollstock ergaben, das die Schaltkulisse des "Getrag 240"-Fünfganggetriebes um satte 110 (!!!) Millimeter nach vorne, also in Richtung Motor versetzt werden musste. Nachdem ich wieder bei Bewusstsein war, machte ich mich voller Demut an die Arbeit. Ich schraubte noch den alten Schalthebelhalter vom Getriebe ab, um dann im Anschluss mit einer Standbohrmaschine und einem 6 Millimeter starken Bohrer die werkseitig vorhandenen sechs Schweißpunkte aufzubohren, um so das Oberteil mit dem Schaltknüppellager vorsichtig abzumeißeln. Nach erneutem Einsatz des Zollstockes setzte ich, exakt 46 Millimeter von der vorderen Haltekante entfernt, einfach mittig einen Körnerpunkt um dort spontan ein Loch von 6 Millimeter Durchmesser zu bohren.

Praktischerweise war der passende Bohrer ja noch in der Standbohrmaschine eingespannt. Dieses frisch gebohrte Loch erweiterte ich nun mit einem Stufenbohrer auf satte 28 Millimeter Durchmesser. Das Originalloch am Schaltkulissenhalter war zwar lediglich 27 Millimeter groß, aber für das 1 Millimeter größere Loch war ich nach kurzer Überlegung auch hier bereit, wieder einmal völlig selbstlos die volle Verantwortung ohne Rechtsbeistand zu übernehmen.

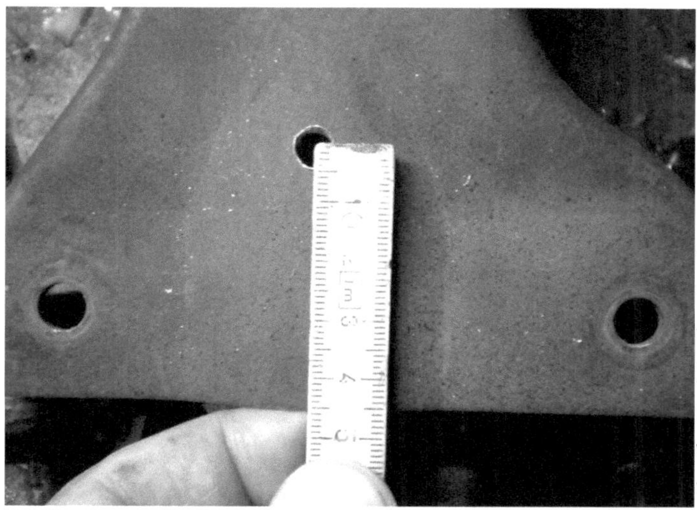

Denn genau in dieses 28 Millimeter messende Loch platzierte ich den Schalthebelhalter schön mittig und gerade, um diesen mit dem Schutzgasschweißgerät provisorisch anzupunkten. Auch wenn es in diesem Fall keine wirklich ebene Fläche war, auf die der Schalthebelhalter auflag, ein wenig Augenmaß und Improvisation verhalf mir auch in diesem Fall zu so etwas ähnliches wie ein kleines Wunder: Es schien zu funktionieren und schaute garnicht mal so schlecht aus. Die originale

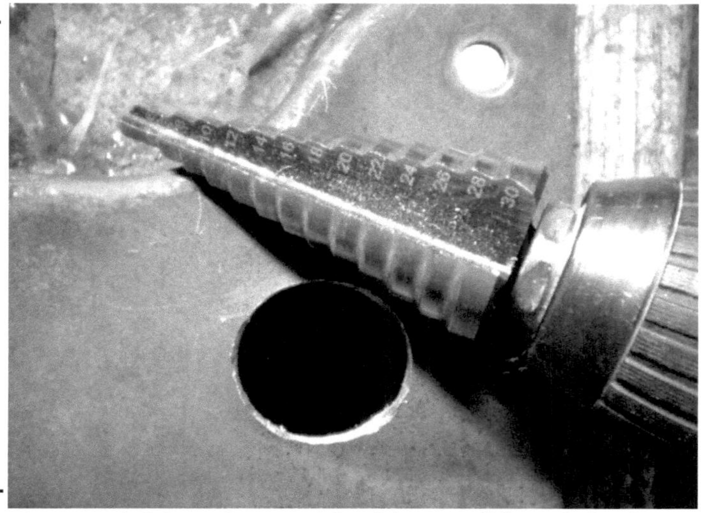

Schaltverbindungsstange des "Getrag 240" besaß ja eine Originallänge von 150 Millimeter, gemessen von Lochmitte zu Lochmitte der Befestigungsösen. Aus lauter Angst, ich würde die Schaltverbindungsstange durch "schiefes durchsägen" rettungslos verhunzen, zertrennte ich sie mittels einer Gehrungssäge durch zwei saubere Schnitte. Die Schaltverbindungsstange musste also insgesamt um die besagten 110 Millimeter gekürzt werden. Gesagt, getan: Die beiden verbliebenen Einzelteile der Schaltstange verschweißte ich dann sorgfältig miteinander mittels Schutzgasschweißgerät. Im Nachhinein war nach diesem Arbeitsschritt (objektiv betrachtet) nicht mehr so viel von dem ursprünglichen Bauteil übrig geblieben.

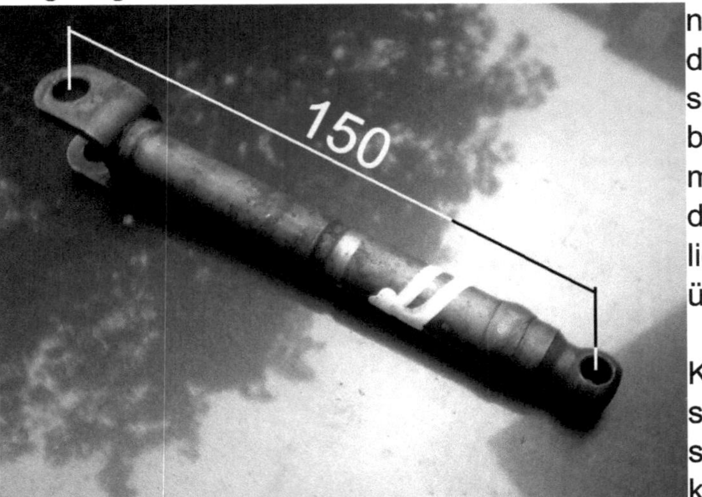

Kleiner Tipp: Um später absolut sichergehen zu können, dass die vordere und die hintere Führungsöse absolut (oder wenigstens nahezu) parallel zueinander stehen würde, steckte ich in jede Öse

einfach einen "passenden" Bohrer hindurch, um so mittels dieser "verlängerten Hilfszeiger" die beiden besagten Bauteile vor dem zusammenschweißen zueinander "ausrichten" zu können.

Das Endresultat erquickt, jedoch war, wie schon zuvor erwähnt, von der Schaltstange wirklich nicht mehr allzuviel übriggeblieben. Es schaute eher nach einem verknubbeltem Verbindungsstück mit Halteösen aus. Vermutlich würde jeder Unwissende dieses sehr wichtige Bauteil durch einen gezielten Wurf in den nächsten Schrottcontainer entsorgen wollen.

Richtig spannend war es dennoch, denn ich wusste zu diesem Zeitpunkt eigentlich noch gar nicht, ob diese "neue" Schaltkulisse auch nur ansatzweise passen, geschweige denn auch funktionieren würde. Da nun der hintere Teil der Schaltkulisse überflüssig war, zeichnete ich ihn sorgfältig an und trennte eben dieses Stück mit dem Winkelschleifer sauber ab und entgratete voller Zuversicht die Schnittkanten. Ich hoffte nämlich insgeheim, dass die so eingesparte Gesamtlänge auch wirklich ausreichen würde, um eben dieses Bauteil später im Getriebetunnel unterbekommen zu können. Denn dort herrschte ja, wie fast überall im Automobilbau, absoluter Platzmangel. Ich musste auch an die umliegenden Bauteile denken, wie zum Beispiel den original zu belassenden Feststellbremshebel. Und außerdem würde ich es natürlich auch begrüßen, wenn der Schaltknüppel an der richtigen Stelle im Getriebetunnel herausschauen würde, im besten Falle dem Original nicht unähnlich. Und was soll ich sagen? Die gekürzte Schaltkulisse passte und funktionierte absolut wunderbar! Es ließen sich alle Gänge sauber

einlegen und der Schalthebel erschien, genau wie berechnet, mittig in dem dafür vorgesehenen Loch im Getriebetunnel!

"Wer Pfefferminztee nachmacht oder verfälscht, oder nachgemachten oder verfälschten sicher verschafft und in den Verzehr bringt, ist ein Falschminzer!"

(Weisheit aus dem Internet)

Riemenscheibe

Ich vermutete bereits vorher schon, im Bereich der Riemenscheibe in Kürze mit ein wenig Platznot rechnen zu müssen. Dies veranlasste mich, die originale, doppelte Riemenscheibe der Kurbelwelle bei einer örtlichen Dreherei für einen schmalen Taler abdrehen zu lassen. Denn eine Servolenkung oder Klimaanlage wollte ich nun wirklich nicht auch noch nachrüsten.

Die Riemenscheibe besteht im Grunde aus zwei zusammenvulkanisierten Elementen (um Drehschwingungen zu dämpfen), nämlich einmal aus dem äußeren Kranz der Riemenscheibe und dem Innenteil, versehen mit sechs Schraubenlöchern für die Verschraubung an der Kurbelwelle. Als ich das fertige Teil in den Händen hielt, war ich mir nicht mehr so sicher, ob mein neues "Kunstwerk" auf Dauer halten würde. Ich entschied mich dann doch in letzter Minute, aller Unvernunft zum

Trotz, schlussendlich für eine Riemenscheibe aus Aluminium. Diese wirkte zumindest auf den ersten Blick ein wenig solider, würde ausserdem noch ein wenig Gewicht einsparen und vieleicht wäre auf diesem Wege auch ein bisschen Mehrleistung drin. Auf jeden Fall stellt sie nur ein Provisorium dar. Ich würde sie schon gerne irgendwann einmal gegen eine professionellere Lösung austauschen wollen.

"Ich bin eigentlich ein netter Kerl. Wenn ich Freunde hätte, könnten die das bestätigen."

(Weisheit aus dem Internet)

Kardanwelle:

Ich ließ die Kardanwelle, welche übrigens gemessen vom Anfang des getriebeseitigen Einschubstückes bis zur Mitte des Drehpunktes am hinteren Kreuzgelenk gemessen ca. 763 Millimeter lang war, auf 663 Millimeter kürzen und wuchten. Also wurde meine Kardanwelle um exakt 100 Millimeter gekürzt.

Ich vermutete, dass die Kardanwelle aus einem Opel Rekord 1.8S stammen würde. Ich erstand sie zusammen mit einem "Getrag 240" Fünfganggetriebe, welches den Kupplungsausrückhebel auf der linken Seite besaß und somit vermutlich ebenso aus einem Opel Rekord E 1.8 stammen müsste. Der Opel Manta B 1.8S besitzt den Kupplungshebel wohl auf der rechten Seite, er könnte aber mühelos auf die andere Seite umgebaut werden.

Um eines vorwegzunehmen: Spätere Vibrationen bei meiner Limo (vorzugsweise bei einer Motordrehzahl von ca. 3000 Min -1)

rührten von einer Handvoll vergessener, beziehungsweise verloren gegangener Teile her. Zum einen fehlte mir die Feder in dem Schiebestück der Kardanwelle (Getriebeseitig) und zum anderen die unscheinare Gummi- beziehungsweise Metallscheibe in dem Schiebestück der Deichselwelle in der Hinterachsverlängerung. Warum ich das an dieser Stelle erwähne? Nun, die Feder (Getriebeseitig, Opel Teile-Nr.: 450 411) ging bei der Bearbeitung verloren, weil ich Trottel vergaß, sie vor der Abgabe aus der Kardanwelle herauszunehmen.

Die Kardanwelle ließ ich bei folgender Firma kürzen und wuchten: Gelenkwellenbau Kurt Fehlau & Sohn (bei Herrn Trimpopp, 0172/ 2372970), zu finden in der Schäferstr. 37, 44147 Dortmund-Hafen (Tel.: 0231/8240-76 bzw. -77). Für das Kürzen, Polieren der Dichtfläche, Lackieren und Auswuchten bezahlte ich lediglich 80,- €. Ein insgesamt sehr fairer Kurs, auch wenn die spätere Übergabe "heimlich", wie in einem schlechten Krimi, auf dem Parkplatz des benachbarten Mercedes-Benz Autohauses erfolgte und für Aussenstehende einem illegalen Drogendeal sicher nicht unähnlich sah.

In meinem Fall ließ sich die Kardanwelle nach der "Bearbeitung" nicht mehr ohne weiteres in das Getriebe einführen. Ich entgratete vorsichtig die Verzahnung der Kardanwelle mit einer kleinen Halbrundfeile. Ich säuberte die Verzahnung mit Bremsenreiniger und benetzte sie mit etwas Öl. Nun flutschte sie ohne Probleme in das Getriebe hinein. Mit ein bisschen Fett auf der Dichtfläche der Kardanwelle (Getriebeseitig) verhindert man, das der Wellendichtring im Getriebe "trockenläuft" und vorzeitig das zeitliche segnet.

Nun befestigte ich die Kardanwelle ebenfalls an der Hinterachse mit den dazugehörigen Haltebügeln. Dabei mussten die Haltebügel zusammen mit dem Kreuzgelenk angesetzt werden, ansonsten würde man die Haltebügel nicht mehr aufgesteckt bekommen.

"Du wirst diesen Wagen ganz sicher nicht fahren. Das verprech ich dir!"

(Zitat aus dem Film "Christine")

Getriebetunnel, die III.:

Um das originale Getriebetunneloberteil des Opel Kadett B 1.2S mit Sportschaltgetriebe auf den bereits eingeschweißten Automatikgetriebetunnel endgültig anzuschweißen, musste ich zum richtigen platzieren die um 110 Millimeter eingekürzte Schaltkulisse montieren. Ich schnitt das alte, originale Getriebetunneloberteil grob aus und stülpte es vom Innenraum aus provisorisch auf den bereits eingeschweißten Automatiktunnel. Da ein Schaltknüppel montiert war und sich das Getriebe in Neutralstellung befand, also kein Gang eingelegt war, konnte ich so den idealen Platz für das Getriebetunneloberteil finden und fixierte es sorgfältig mit vier Feststellzangen. Um nach dem eigentlichen Anzeichnen die jetzige, gut passende Position des Getriebetunneloberteiles später einfacher wiederzufinden, brachte ich zusätzliche Markierungen vom Innenraum aus an. Diese würden mir sicher die ursprünglich gedachte Position nebst Einbaulage

selbst nach dem bevorstehenden Einsatz des Winkelschleifers

anzeigen. Das eigentliche Anzeichnen zum Abschneiden des Oberteils vom Automatikgetriebetunnel nahm ich vom Unterboden aus vor, da das Getriebetunneloberteil dem Automatiktunnel angepasst werden sollte, und nicht umgekehrt.

Selbstverständlich war der Platz dort absolut unzureichend um dort auch nur ansatzweise mit einem Filzstift zu hantieren. Also zog ich wie schon oft zuvor einfach mit einer Spitzzange die Schreibspitze aus dem wasserfesten Filzstift heraus und brachte so die gewünschten Markierungen an. Genau an diesen Markierungen setzte ich kurze Zeit später meinen Lieblings-Winkelschleifer an, da ich das Getriebetunneloberteil auf Stoß einschweißen wollte. Überlappende Schweißnähte würden vermutlich zusätzliche, unnötige Rostherde bedeuten. Davon besaß ich ohnehin schon genug an diesem wunderschönen Automobil.

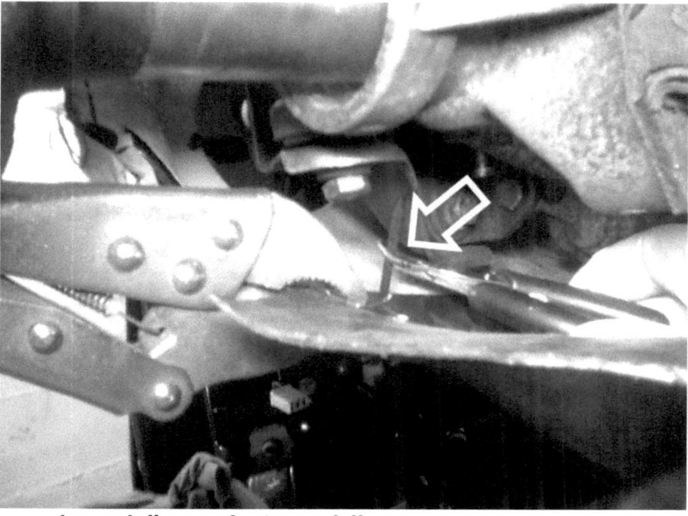

Nach dem Entfernen des überschüssigen Bleches setzte ich das Getriebetunneloberteil wieder auf, um es so mit Feststellzangen ausreichend zu fixieren. Zum krönenden Abschluss wurde das Gesamtkunstwerk mit einer Wasserwaage ausgerichtet und angeschweißt.

"Ach... noch etwas..."
"Ja?"
"Ich habe von unten die Stockwerke gezählt."
"Und?"
"Da fehlt eins!"
"Wir werden der Sache nachgehen."

(Zitat aus dem Film "No Country for old Men")

Schaltknüppel

Der Innenraum durfte ja nicht einmal im Traum auf einen "Motorumbau" hinweisen. Daher maß ich schon bereits vor dem Umbau vorsorglich die Gesamthöhe des originalen 1.2S Sportschaltknüppels zwecks späterer Rekonstruktion. Sie betrug gemessen an der Abdeckung des Getriebetunnels ca. 215 Millimeter. Den Schaltknüppel des Opel Manta 1.8S trennte ich am Getriebe mit einer dünnen Trennscheibe so ab, dass ein Stumpf von ca. 15 Millimeter Restlänge aus der bereits umgebauten, gekürzten Schaltkulisse herausschaute.

Da der Schaltknüppel zwecks späterem Ausbau des Getriebes auf jeden Fall demontierbar sein musste, war eines von vornherein für mich klar: Ich musste den Schaltknüppel mit einer beliebig oft zu lösenden Schraubverbindung versehen. Ob so etwas auf Dauer wirklich halten würde, wusste ich (noch) nicht. Ich punktete dann zu Testzwecken eine Sechskantmutter der Dimension M12x1,25 provisorisch an und montierte die Schaltkulisse probeweise am eingebautem Getriebe.

Um auszuprobieren, ob sich wirklich alle Gänge problemlos einlegen lassen würden, und ob sich der zukünftige Schalthebel tatsächlich in der Mitte befinden würde, schraubte ich erst einmal eine Sechskantschraube der Dimension M12x60 in die gerade eben provisorisch angeschweißte Mutter ein. Da dies optisch einen guten Eindruck hinterließ, baute ich die Schaltkulisse im Anschluss wieder aus und schweißte die im Vorfeld nur angepunktete Sechskant-

mutter fertig an. Die Schaltkulisse ließ sich übrigens mit folgendem

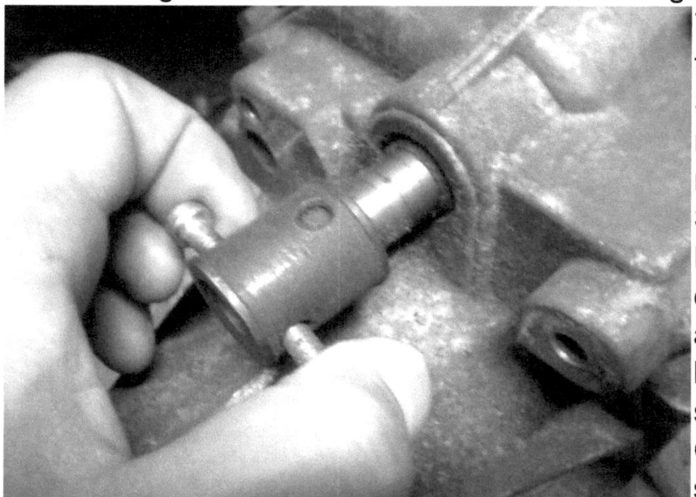

Tricks ganz einfach an das Schaltgetriebe montieren: Mit einer längeren Schraube als Hilfsmittel zog ich die Schaltstange am Schaltgetriebe heraus und legte somit den dritten Gang ein. Im Anschluss schob ich das runde Sicherungsblech mit einer gebogenen Spitzzange etwas zu weit über die Schaltstange auf, sodass es nach vorne ein wenig überstand und die Bohrung für den Sicherungsstift noch zugänglich blieb.

Die Schalthebelstange der Schaltkulisse steckte ich nun in die Muffe der Schaltstange des Schaltgetriebes und schob durch die noch freiliegende Bohrung den Sicherungsstift von Hand bündig ein. Nun konnte ich

das ja bereits teilweise aufgeschobene, runde Sicherungblech in die dafür vorgesehene Haltenut von Hand einschieben, bis es hörbar eingerastet war.

Den Haltewinkel für die Grundplatte der Schaltkulisse schraubte ich mit zwei Sechskantschrauben der Dimension M8 unter Zuhilfenahme eines gekröpften Schraubenschlüssels an das Schaltgetriebe an.

Nun konnte ich mit einer Seckskantschraube der Dimension M10 die Schaltkulisse durch die beiden Haltelaschen am Gehäuse des Schaltgetriebes quer zur Fahrtrichtung unten an der selbigen provisorisch befestigen.

Zum Schluss wurde die Grundplatte der Schaltkulisse am Schaltgetriebe an dem vorher angeschraubtem Winkel mittels zweier Sechskantschrauben der Dimension M8 angeschraubt. Selbstverständlich verwendete ich bei dem finalen Zusammenbau neue, selbstsichernde Muttern beziehungsweise bei bereits vorhandenen

Gewinden chemische Schraubensicherung ("mittelfest" aus der Tube), damit sich später keine Schraubverbindung aufgrund vorhandener Vibrationen lösen könnte.

Höchstwahrscheinlich könnte der nachfolgende, nächste Schritt dem einen oder anderen Originalfetischisten des Opel Kadett B die Tränen in die Augen treiben:

Ich schnitt nämlich einfach den wunderschönen Sportschaltknüppel des Opel Kadett B 1.2S mit einem Winkelschleifer durch.

Im Vollbesitz meiner geistigen Kräfte vollzog ich dieses rüde Vorgehen natürlich nicht vollkommen plan- und grundlos. Ich überlegte mir dieses Vorhaben im Vorfeld schon gut und war der festen Überzeugung, dass es machbar wäre, ein "Getrag 240"-Fünfganggetriebe mit dem originalen Sportschaltknüppels des Opel Kadett B 1.2S dauerhaft zu verbinden, sprich auszustatten.

Dank der Tatsache, dass beim Getrag 240 sowie beim OHV Schaltgetriebe der Rückwärtsgang lediglich gegen Federdruck (also durch festes Drücken des Schalthebels nach links) eingelegt werden muss, war ich diesem Vorhaben gegenüber im Grunde absolut optimistisch gestimmt. Ich spannte also den Sportschaltknüppel in den Schraubstock ein und schnitt ihn so ab, dass am unteren Ende noch ca. 30 Millimeter Rundmaterial aus dem Schaltknüppel herausschaute. Am unteren Ende faste ich die Kanten stark an, um sicherzustellen, dass ich genau dieses Ende später möglichst haltbar verschweißen könnte. Dazu montierte ich in die Schaltkulisse eine Sechskantschraube der

Größenordnung M12x60x1,25 (übrigens nur deshalb in dieser

"Steigung", da ein Feingewinde eine "zuverlässigere" Schraubverbindung ergeben würde). Natürlich schnitt ich ihr vorher den Sechskantkopf sauber ab. Den verbliebenen Rest schraubte ich also bis zum Anschlag handfest in die angeschweißte Mutter der Schaltkulisse ein. Die originale Getriebetunnelabdeckung aus Kunststoff legte ich provisorisch auf den Getriebetunnel und hielt den abgeschnittenen Sportschaltknüppel an. Als ich einen Zollstock anhielt, maß ich eine nun vorhandene Gesamthöhe von 230 Millimeter. Da ich die zuvor

gemessene, originale Gesamthöhe von 215 Millimeter anstrebte, war mein Schaltknüppel also bewiesenermaßen um ziemlich genau 15 Millimeter zu lang. Also kürzte ich den selbstgemachten Gewindebolzen (die "kopflose" Schraube) einfach um 15 Millimeter und zog diesen mit einer Wasserpumpe so gut es ging fest. Im Anschluss punktete ich im eingebauten Zustand den Schaltknüppel mit dem Schweißgerät provisorisch an. Zum Fertigschweißen baute ich den Schaltknüppel selbstverständlich wieder aus. Die Endmontage erfolgte unter Verwendung einer zweiten, zuätzlichen Sechskantmutter als Kontermutter und ein wenig Chemie aus der Tube, in Form von Schraubensicherung "mittelfest". Es ließen sich alle Gänge wunderbar einlegen. Es fühlte sich so an, als wäre es nie anders gewesen. Einzig der nun zusätzliche fünfte Gang fiel (positiv) auf. Aber würde diese Konstruktion auch halten?

Fazit: Es funktioniert bis heute absolut problemlos. Diese Lösung kann also bedenkenlos nachgeahmt werden.

Nach diesem Erfolgserlebnis war ich dermaßen motiviert, ich bekam auf einmal sogar Lust der nachfolgenden, unliebsamen Aufgabe nachzukommen: Dem Zündverteiler ein neues, gemütliches Zuhause bereiten.

Dies würde mit dem insgesamt nervigsten Kapitel des Umbaus (abgesehen von der TÜV-Eintragung) weitergehen: Der Heizung.

"Glaub mir Pepper, Du kannst Kuhmist nicht polieren."

(Zitat aus dem Film "Christine")

Heizung, die I.

Die originale Wasserheizung (an der ich sehr lange vergeblich herumbastelte) baute ich, trotz dem eisernen Willen diese um jeden Preis anzupassen, letztenendes einfach aus und warf sie in den Müll.

Es musste einfach eine andere, praktikable Lösung her. Welche genau das sein würde, wusste ich zu diesem Zeitpunkt noch gar nicht so genau.

Also völlig umsonst eine Menge Zeit verschwendet, Leute in irgendwelchen Foren solange genervt, bis ich für das beim ersten Versuch verhunzte Heizungsklappenblech Ersatz per Post bekam. Außerdem das ständige sägen, bohren, kleben und die unzähligen Experimente mit 12V Auto-Haartrocknern, PC Lüftern und selbstgebauten Heizwicklungen, die unzähligen Streifzüge durch den örtliche Industrieelektronikbedarf und so weiter, und so fort.

Fündig wurde ich, nach langer, langer Zeit des Quälens von gefühlt jeder einzelnen Synapse in meinem Gehirn, schlussendlich dann doch. Sollte ich die Lösung von diesem elementaren Problem schon jetzt verraten?

Nein, nicht jetzt.

Aber vieleicht später.

"... der war so abgebrüht, dem hättest du kochendes Wasser in die Kehle schütten können und er hätte Eiswürfel gepinkelt."

(Zitat aus dem Film "Christine")

Kühlerhalter, die II.

Erst einmal stutzte ich voller Freude den zuvor herausgetrennten, rechten Kühlerhalter nach meinen eigenen Vorstellungen ein wenig mit dem Winkelschleifer zurecht.

Dieser nun leicht abgespeckte, rechte Kühlerhalter diente nun als Schablone zum anzeichnen der finalen Schnittkante im Frontblech, um so dem neuen, breiteren Kühler des Opel Manta B 2.0E ein neues zuhause spendieren zu können. Das Anzeichnen war sehr mühselig, da ich gleichzeitig mit Kühlerhalter, Filzstift, Wasserwaage und einem Fotoapparat bewaffnet war, um später glaubhaft dokumentieren zu können, das es tatsächlich mindestens einen Spinner gibt, der solche Sachen macht.

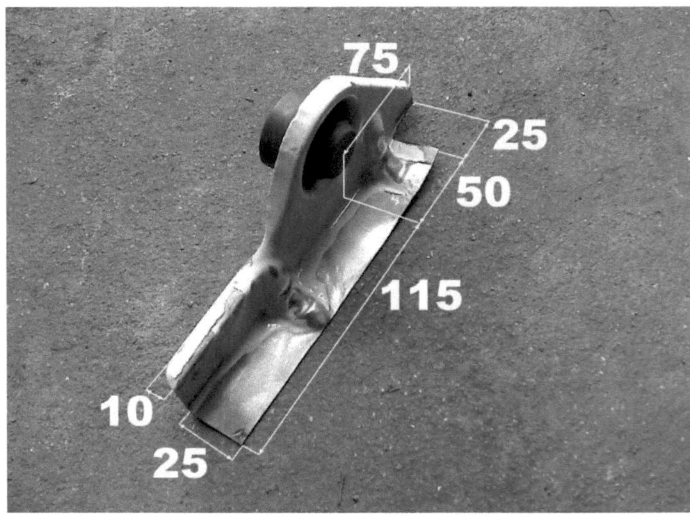

Ich zeichnete je zwei horizontale, in der Waage liegende Markierungen an der oberen beziehungsweise unteren Schnittkante an. Auch hier leistete mir wieder, wie schon oft zuvor, eine kleine, billige Wasserwaage aus dem Baumarkt um die Ecke ungeahnt große Dienste. Hin und

wieder hört man ja von folgenschweren Irrtümern aller Art, da werden zum Beispiel in Krankenhäusern irgendwelchen armen Menschen die falschen Gliedmaße amputiert oder schlimmeres, falls es das gibt. Damit mir dies nicht auch hier bei der Arbeit passieren würde, markierte ich die zu herausschneidende Blechpartie mit einem "X". Auch mal so als Tipp zwischendurch für den ein oder anderen Arzt oder Chirug. Ich wollte mit Absicht so wenig wie möglich herausschneiden, weil die Fahrzeugfront ansonsten unnötig an Stabilität verlieren würde. Außerdem befindet sich erschwerender Weise in der hübschen Blechkante oberhalb meines Operationsfeldes die extrem wichtige, vom Werk eingeschlagene Fahrgestellnummer. Anschließend schliff ich mit Winkelschleifer und gezopfter Drahtbürste die zukünftigen Schweiß-

kanten metallisch blank und schweißte den Kühlerhalter provisorisch ein. Nun konnte ich den neuen, breiteren Kühler mit angeschraubtem, selbstgebautem unteren Kühlerhalter äußerst sorgfältig anhalten. Zur Kontrolle, ob der Kühler wirklich gerade sitzt, diente das

Motorhaubenschließblech als Bezugskante. So war es am besten zu erkennen, ob der Kühler wirklich gerade sitzen würde. War auch schnell gemacht, wenn man gerade zufällig (wie ich) im Motorraum saß. Als unteren Gummipuffer am Kühler ergatterte ich im Fachhandel für reichlich Geld einen Silentblock aus Gummi mit einem

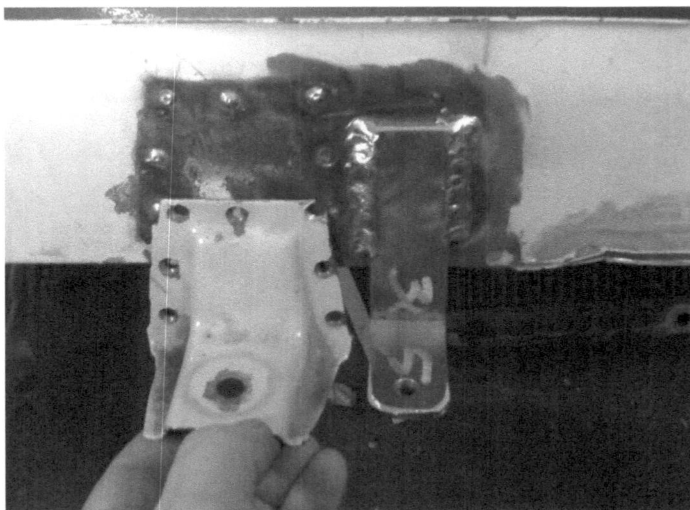

Gewindebolzen "M8" an beiden Seiten. Der Gummiblock selber war ca. 15 Millimeter stark. Nun konnte ich den unteren, selbstgebauten Halter am Wasserkühler anschrauben, und so mit einer Filzstiftmarkierung dessen neues Zuhause durch vorheriges Anhalten an der Frontmaske bestimmen. Nachdem ich den Kühler wieder aushing, fixierte ich den

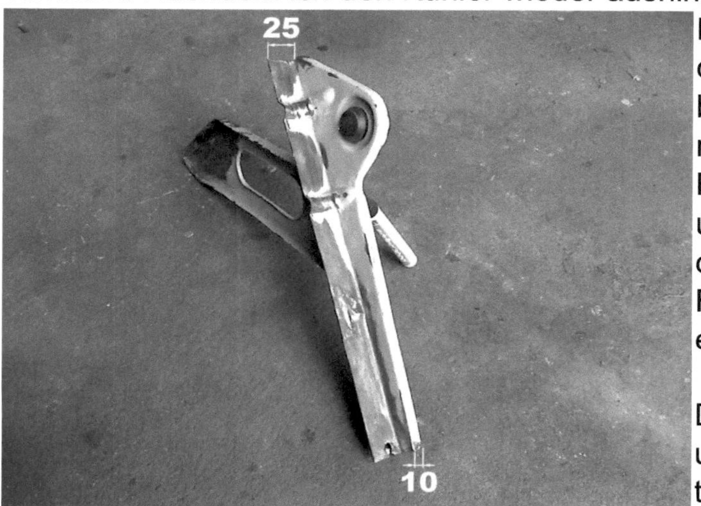

Kühlerhalter an der zuvor angebrachten Markierung mittels einer Feststellzange und schweißte diesen an der Frontmaske dauerhaft an.

Den orignalen, unteren Kühlerhalter konnte ich leider nicht wiederverwenden, da der Wasserkühler des Opel Manta B 2.0E insgesamt höher ist als das Originalteil des Opel Kadett B und der untere Kühlerhalter somit dementsprechend tiefer als zuvor angebracht werden musste. Auch der linke Kühlerhalter musste ein wenig mit dem Winkelschleifer zurechtgestutzt werden. Also hing

ich erneut den Kühler ein und schraubte ihn diesmal an dem neuen, unteren Kühlerhalter ordnungsgemäß an. Den linken Kühlerhalter konnte ich wieder wie zuvor mit Hilfe von Wasserwaage und Filzstift als Schablone zum anzeichnen benutzen. Der Winkelschleifer und das

Schutzgasschweißgerät waren ja noch eingestöpselt, der linke Kühlerhalter bekam dann relativ schnell auch ein neues Zuhause.

Und es ist tatsächlich wahr, auch wenn es komischerweise selten so realisiert wird: Man braucht keine große Kühlerfront des Opel Kadett B 1.9 für den C20XE! Das wäre zum einen ein absolut überflüssiger Arbeitsaufwand, zum anderen erneut eine nicht nur nervige, sondern auch höchstwahrscheinlich teure Teilesuche. Von der fragwürdigen Optik mal ganz abgesehen. Aufgrund der vorherrschenden Platznot verwendete ich eine leichte, einfache Riemenscheibe aus Aluminium. Aber auch "obenherum" gab es Platzprobleme, die gelöst werden wollten: Der obere Kühlerschlauch ging auf Tuchfühlung mit dem Zylinderkopf, beziehungsweise der Zahnriemenabdeckung. Aber dem verschaffte ich auf unpragmatischer Art und Weise Abhilfe: Ich

"kippte" den Kühler oben einfach ein wenig nach vorne. Dazu bohr-

te ich am Kühler selber einfach die oberen Führungsschienen (für die Gummipuffer) an den Kühlerhaltern ab und schweißte sie so versetzt wieder an, dass der Kühler oben um ca. 15 Millimeter nach vorne kam. Der während der Anpassungarbeiten verwendete Wasserkühler entsprach dann aber zum Schluss doch nicht mehr ganz den optischen Vorstellungen und wurde durch ein baugleiches Neuteil ersetzt, ebenfalls in dieser Art und Weise nachträglich modifiziert.

Außerdem besaß der "Testkühler" noch einen nachgerüsteten, aber nun überflüssigen Anschluss für einen Thermoschalter am unteren Wasserkasten, in Fahrtrichtung rechts. Der Thermoschalter sollte jedoch an eine andere Stelle sein neues Betätigungsfeld finden.

Doch mehr dazu später.

"Das Leben ist einfach. Du triffst Entscheidungen und blickst nicht zurück."

(Zitat aus dem Film "The Fast and the Furious: Tokyo Drift)

Getriebetunnel, die IV.

Absolutes Pflichtprogramm bei diesem Umbau war ja von Anfang an die Tatsache, das Schaltgetriebe später auch bei eingebautem Motor "wie gewohnt" weiterhin ausbauen zu können. Das die Erfüllung von diesem "Wunsch" noch zu einem Problem mit unkonventioneller Lösung führen würde, ahnte ich bereits jetzt schon. Ich baute, um mir vor Augen führen zu können wieviel Platz ich für einen Getriebeausbau bei eingebautem Motor im Getriebetunnel überhaupt benötigen würde, das Schaltgetriebe mit "Distanz-Schrauben" in dem dafür erforderlichen Abstand von ca. 70 Millimeter zum Motor ein. Denn genau diese "simulierten" 70 Millimeter Abstand waren nämlich nötig, um das Getriebe weit genug nach hinten herausziehen zu können um es dann später nach unten ablassen zu können. Später montierte ich das Getriebe ordnungsgemäß mit Sechskantschrauben der Größenordnung M12x45 Millimeter, mit Teilgewinde und Unterlegscheiben.

Um das Getriebe auf die erforderliche Distanz zu halten, fixierte ich also das Getriebe einfach mit Hilfe von Schrauben M10 (in der dementsprechend längeren Ausführung) und passenden Muttern und Unterlegscheiben. Rund um das Getriebe schnitt ich zuvor das störende Unterbodenblech einfach weg, da das Getriebe ja sonst später beim Ausbau dort anstoßen würde und somit ein Getriebeausbau kaum möglich sein würde. Mit selbstgemachten Blechen galt es nun, mit möglichst wenig Stücken den Unterboden rund um das Getriebe vom Innenraum aus wieder zu verschließen. Den oberen Übergang vom Getriebetunneloberteil zur Spritzwand versah ich bereits mit einem angewinkelten Blech mittels Schweißgerät. Nun besaß das Getriebe zum einen genug Platz, um bei eingebautem Motor ausgebaut werden zu können, zum anderen konnte ich so die originale Getriebetunnelabdeckung ohne Modifikationen wiederverwenden, da ich ja den Innenraum um (fast) jeden Preis irgendwie original erhalten wollte. So merkwürdig dies auch im Rahmen eines solchen Projektes klingen mag.

Da ich ja praktischerweise im Beifahrerfußraum eigentlich auf nichts Rücksicht nehmen musste, konnte ich dort den Getriebetunnel recht schnell wieder komplett verschliessen. Das noch immer auf Distanz eingebaute Getriebe zeigte mir durch bloße Anwesenheit bei der Arbeit

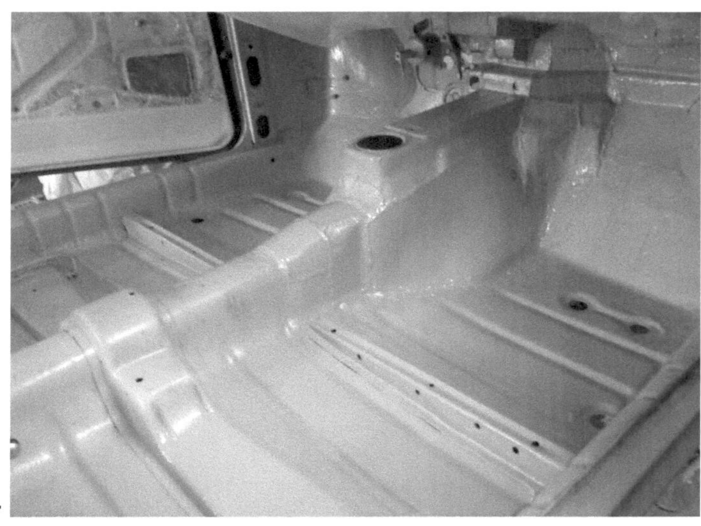

die Grenzen auf. Ganz so einfach sollte es auf der Fahrerseite jedoch nicht werden, da zum einen die asymetrische Form der Getriebeglocke berücksichtigt werden musste und mir ausserdem die noch unterzubringende Pedalerie die eine oder andere Sorgenfalte auf die Stirn trieb.

"Alles auf Horst!"

(Zitat aus dem Film "Bang Boom Bang")

Wartungsdeckel

Um das Schaltgetriebe bei eingebautem Motor wirklich herauszubekommen, führte kein Weg an eine selbstgebaute, abschraubbare "Wartungsklappe" für den Fahrerfußraum vorbei. Da ich ja eigentlich den Getriebetunnel im Fußraum auf der Fahrerseite zum einen möglichst "breit" bauen musste, um so ausreichend Platz für den eventuellen Getriebeausbau zu haben, so musste ich ihn zum anderen aber auch möglichst "schmal" bauen, um so die Pedalerie unterbringen zu können.

Für mich stand fest, das dies nur mit einem abschraubbaren Wartungsdeckel zu realisieren sei, welcher das jetzige Loch im Getriebetunnel durch Anschrauben einfach verschließen würde. So könnte ich dann im Ernstfall den Wartungsdeckel bei Bedarf einfach abschrauben.

Den Deckel setzte ich Stück für Stück aus einzelnen, möglichst wenigen Blechstücken zusammen, um so die Bodenform ähnlich dem Original nachempfinden zu können. Nun galt es, das Getriebe wieder ordnungsgemäß (also ohne Distanzschrauben) zu montieren, um eben diesen Wartungsdeckel anfertigen zu können. Ich würde ihn vom Innenraum aus mit elf Sechkantschrauben der Dimension M8x16 verschrauben, dank gleicher Anzahl an Muttern, welche an passender Stelle vom Motorraum aus an den Unterboden festgeschweißt werden müssten. Dies besaß den Hintergedanken, das man bei späterer Montage oder Demontage keine Schlangenarme oder eine zweite Person benötigen würde, weil ja ansonsten die

Muttern "gegengehalten" werden müssten. Außerdem war es wichtig, dass sich der Wartungsdeckel zukünftig auch ohne Demontage von Lenksäule oder Pedalerie aus- und wieder einbauen lassen würde. Lediglich den Teppich, welchen ich zu diesem Zeitpunkt noch nicht besaß

(oder eine Idee diesen Umstand zu ändern), müsste für das Arbeiten an dem Deckel später lediglich ein wenig zur Seite geklappt werden. Um später die beiden oberen Getriebeschrauben der Getriebeglocke vom Innenraum aus erreichen zu können, versah ich übrigens das Blech im Getriebetunnel im Bereich der Mittelkonsole

mit zwei Löchern im Durchmesser von 35 Millimeter. Diese könnten theoretisch mit herkömmlichen Bodenstopfen bei Nichtgebrauch verschlossen werden. Das diese Stopfen tatsächlich notwendig sein würden, wurde mir bei der ersten, echten Probefahrt (obwohl absolut schmerzlos im totalen Glücksrausch) deutlich. Dort gab es nämlich mangels Gummistopfen einen richtig ordentlichen Luftzug, von einer unanständigen Geräuschkulisse mal ganz zu schweigen!

"Hey Baby, willst du hier wirklich mitfahren? Dein hübsches Gesicht ist zu schade für die Abgase!"

(Zitat aus dem Film "The Fast and the Furious")

Auslasskrümmer, die I.

Das der originale Opel Edelstahl-Fächerkrümmer des frontgetriebenen Opel Calibra 16V nicht in den heckgetriebenen Opel Kadett B passen würde, verwundert vermutlich niemanden. Daher schnitt ich testweise die Rohre nach der Vier-in-Zwei Verbindungstelle ab. Aber auch in dieser gestutzten Variante ließ er sich in keinster Weise auch nur ansatzweise montieren, da nun erkennbar die Lenksäule im Weg war.

Es schien, als musste ich den Auslasskrümmer von Grund auf umgestalten. Daher schnitt ich nun, da ich den Winkelschleifer ohnehin noch in der Hand hielt, zwecks Neubeginn alle Rohre am Auslasskrümmerflansch ab. Ich ließ lediglich wenige Zentimeter Rohr stehen, um später aus thermischen Gründen nicht direkt an dem Flansch schweißen zu müssen (er könnte sich schließlich verziehen).

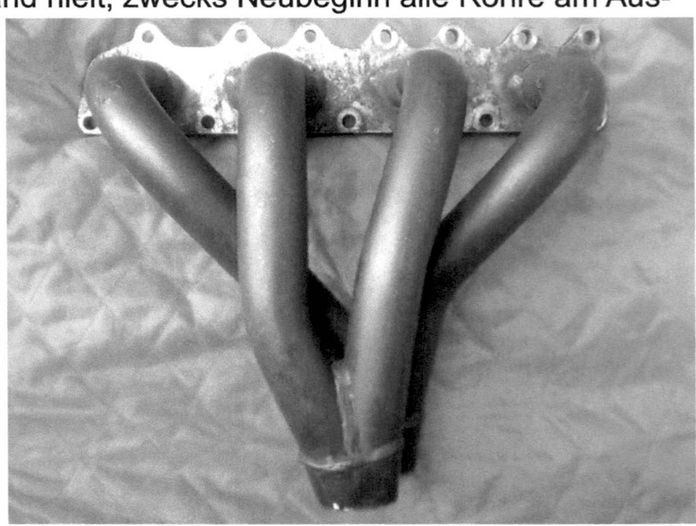

Ich schraubte den nun recht übersichtlichen Rest des Auslasskrümmers mit den verbliebenen Rohransätzen provisorisch am Motor an. Ich begann damit, als erstes das ursprüngliche Y-Rohr des ersten und vierten Zylinders leicht gegen den Uhrzeigersinn verdreht wieder am ersten Zylinder provisorisch anzuschweißen. So zeigte das Sammelrohr endlich in einem für mich und dem Motorumbau dienlichen Winkel nach unten.

So stellte ich dann nachfolgend mit möglichst wenigen Schnitten die Rohrverbindung zum vierten Zylinder wieder her und verschweißte alles komplett nach dem Ausbau. Nun galt es, die Verbindungsstelle aller Zylinder wieder herzustellen. Aus Platz- und Zeitgründen musste ich mich für eine "Vier-in-Eins-Verbindung" entscheiden. Da ich später wohlmöglich nicht mehr an die Schweißnähte gelangen

würde (um diese abzuschleifen), erledigte ich dies bereits schon im Vorfeld. Nun kürzte ich voller Zuversicht das Y-Rohr von Zylinder zwei und drei und schnitt nun die beiden Y-Rohre unten an der zukünftigen Vier-in-Eins Verbindungsstelle schräg auf, um sie nach kurzem Anhalten provisorisch wie maßgefertigt zusammenzuschweißen.

Auch hier galt es, aus möglichst wenigen Stücken die Rohrbögen von Zylinder zwei und drei wieder herzustellen und erst einmal provisorisch anzuschweißen. Allerdings noch nicht am Krümmerflansch, weil ich später die Vier-in-Eins Verbindung noch einmal trennen musste, da ich ansonsten die Rohrbögen von Zylinder zwei und drei nicht vernünftig hätte verschweißen können, von dem Abschleifen der Schweißnähte einmal ganz abgesehen. Im Anschluss an diese

Arbeiten konnte ich den Auslasskrümmer wieder zusammenfügen,

verschweißen und die Schweißnähte so gut es ging abschleifen. Da es ohnehin sehr eng werden würde auf der linken Seite des Motors, entschloss ich mich dazu, dass 50 Millimeter starke Hosenrohr zwischen Motorblock und Lenksäule durchzufädeln. Um thermische Probleme im Bereich des Auslasskrümmers weitestgehend zu vermeiden, dachte ich daran, ein spezielles Hitzeschutzband für Auspuffanlagen zu verwenden. Beginnen wollte ich am Krümmerflansch bis hin zum Hosenrohr, um so die Bremskraftvertärkerverlängerung, Lenksäule, Ölwanne

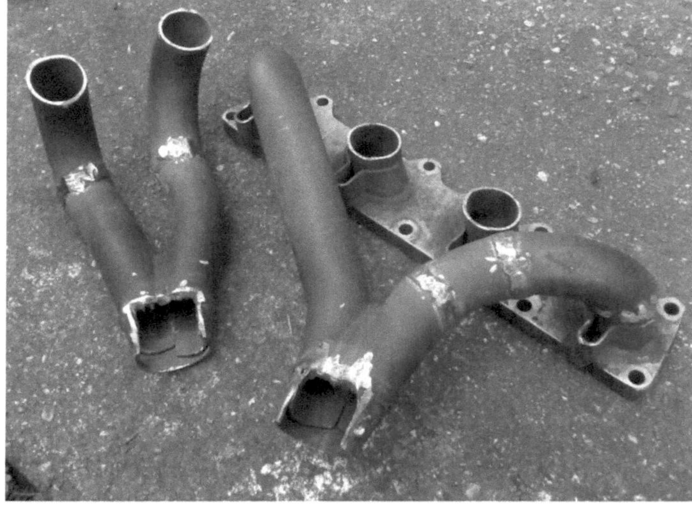

und letztenendes auch noch das Kupplungsseil vor allzu großer Hitze zu bewahren. Lediglich für das Hosenrohr musste ich einen Griff in die Schrottkiste machen, der Rest des Krümmers entstand tatsächlich lediglich aus dem Material des Originalkrümmers. Als wäre dies noch nicht genug, verwendete ich sogar das originale Einschweißgewinde der Lambdasonde weiter, ich platzierte diese übrigens seitlich nach rechts zeigend. Möglicherweise würde ich mir zu gegebener Zeit einen neuen, besseren Auslass-Krümmer bauen, vieleicht mit einem größerem Rohrdurchmesser, einer besseren Platzierung der Lambdasonde und des Katalysators, um so noch ein paar weitere Zentimeter an Bodenfreiheit gewinnen zu können.

Eigentlich wäre es jedoch dringender, in nicht allzu ferner Zukunft erst einmal eine neue Auspuffanlage anzuschaffen, da der alte 50 Millimeter Lexmaul-Auspuff allem Anschein nach seine beste Zeit bereits hinter sich gebracht hat. Aber für das Erste sollte das nun vorhandene Exemplar erst einmal ausreichen. Zur Not müsste ich halt zwischenzeit-

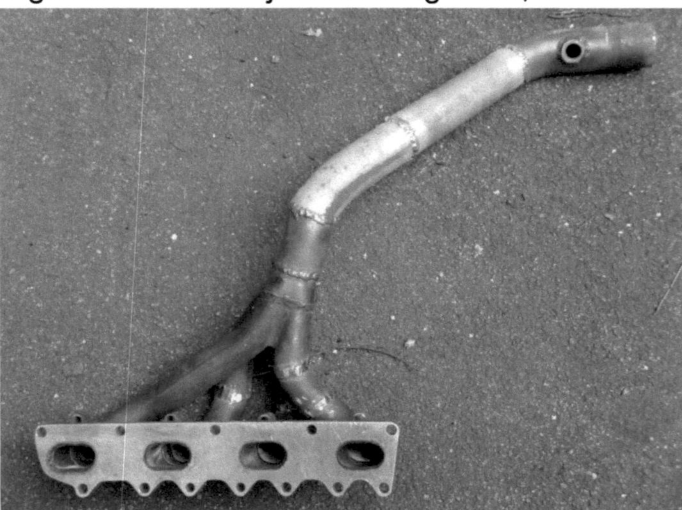

lich, wenn es denn sein muss, aufgrund von anfallenden Reparaturen hin und wieder zu einem Schutzgasschweißgerät greifen.

Jake: "Was ist das?"
Elwood: "Der Motor! Das blöde Kühlwasser kocht!"
Jake: "Ist das was Ernstes?"
Elwood: "Japp!"

(Zitat aus dem Film "Blues Brothers")

Thermostatgehäuse

Kurz nachdem ich das erste Mal den Delco Bremskraftverstärker des Opel Manta B 2.0E in den Motorraum hielt, war irgendwie nicht zu übersehen, das dass Thermostatgehäuse abgeändert werden müsste. Da ich den Bremskraftverstärker unbedingt an der für ihn vorgesehenen Stelle platzieren wollte, musste also das Themostatgehäuse auf sämtliche eingeschraubte Sensoren verzichten und auf diesem Wege "abspecken". Allerdings wusste ich noch nicht, wo eben diese Sensoren später ihr neues Zuhause finden würden. Nach dem spontanen herausschrauben der eben erwähnten Sensoren passte auf einmal der Bremskraftverstärker auf wundersame Weise wie angegossen. Also baute ich das Thermostatgehäuse aus und drehte statt der Temperaturfühler je eine metrische Schraube der Dimension M12x1,5 und M10x1,0 in die Gewindelöcher. Sie

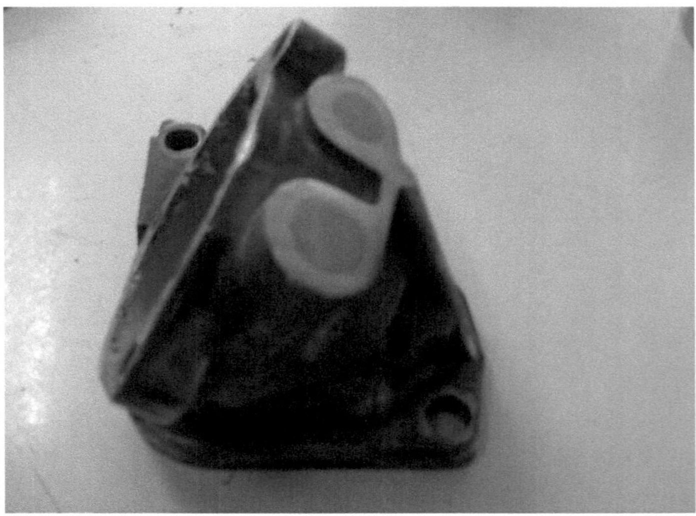

durften allerdings nicht zu weit eingedreht werden, da ansonsten

das Thermotat später nicht mehr eingesetzt werden kann. Im Anschluss schnitt ich mit dem Winkelschleifer die Schrauben grob ab und schliff die verbliebenen Schraubenreste samt des Alugehäuses vorsichtig mit dem Winkelschleifer und der Fächerschleifscheibe plan.

Um das Thermostatgehäuse auch wirklich dicht zu bekommen, verlötete ich im Anschluss mit einem speziellen Alu-Lot (Quelle: Karosseriedepot Dirk Schucht) die Oberfläche des Thermostatgehäuses samt der eingedrehten Stahlschrauben vorsichtig mit einem Brenner.

Später bekam ich bezüglich des neuen Einsatzortes der nun übriggebliebenen Temperaturfühler einen "Geistesblitz". Es handelte sich dabei übrigens zum einen um den Temperaturfühler der Temperaturanzeige im Innenraum und dem des Motorsteuergerätes.

Sie fanden schliesslich ihr neues Zuhause in dem von mir hergestellten Verbindungsrohr vom Motor zum Wasserkühler (in Fahrtrichtung rechts), unter der Ansaugbrücke.

Clarissa: "Mom, könnte ich heute mal das Auto kriegen?"
Janet: "Was meinst du, wozu die Füße da sind?"
Clarissa: "Für Gas und Bremse."

(Zitat aus dem Film "Clarissa explains it all")

Bremskraftverstärkerverlängerung

Nachdem ich mir mühsam eine gar nicht so preiswerte, originale Bremskraftverstärkerverlängerung aus einem Opel GT besorgte, konnte ich diese nach kurzem Anhalten im Motorraum und anschliessendem Kratzen am Kopf sehr schnell für unbrauchbar erklären. Wie sollte es anders sein, auch dieses Teil durfte ich mir also komplett selberbauen.

Den Anfang machte ich mit der Grundhalteplatte für die spätere Befestigung an der Motorspritzwand. Ich wählte als Grundmaterial eine Stahlplatte in 5 Millimeter Stärke, wie sollte es auch anders sein.

Durch Anfangs grobes Zuschneiden mit dem Winkelschleifer und dem anschliessendem nachbearbeiten mittels Standbohrmaschine und Feile entstand dieses wichtige Bauteil als Anfangsbasis. Ebenfalls auf diesem Wege entstand die Befestigungsplatte für den Bremskraftverstärker selber. Der Bremskraftverstärker meiner Wahl war ein

Bauteil aus dem Hause "Delco", mit einem Durchmesser von ca. 230 Millimetern (also brauchbare 9") aus einem Opel Manta B 2.0E. Neben ein paar anderen tollen Teilen baute ich eben dieses Bauteil in einer kleinen Aktion im Rahmen eines "Nachmittagsausfluges" aus einem verwaisten, lieblos zurückgelassenen "Renn-Rochen" aus. Dieser stand in einer alten, seit Jahren verlassenen, baufälligen, ehemaligen Autowerkstatt, dessen einstiger Besitzer schon zu dieser Zeit den vermutlich wohlverdienten Ruhestand in seiner Heimat

(Griechenland) genoss. Er nahm ziemlich sicher mit diesem Fahrzeug jahrzehntelang (möglicherweise sogar erfolgreich), an diversen Rallyes teil. Zumindest deuteten die zahlreich an den Werkstattwänden zurückgelassenen Blechschilder darauf hin. Leider konnte ich diese nicht mehr retten, denn kurze Zeit später rollte unerwartet schweres Gerät an und walzte alles komplett nieder. Jetzt steht dort mittlerweile ein riesiger Altenheimkomplex. So ein Mist. Okay, aber nun zurück zum Thema: Als eigentliche Verlängerung benutzte ich ein stabiles Stahlrohr mit folgenden Abmessungen: Durchmesser: ca. 60 Millimeter; Wandstärke: ca. 1,5 Millimeter; Länge: ca. 355 Millimeter.

Nachdem ich die beiden Halteplatten an ihrem zukünftigen Einsatzort schraubte, staunte ich nicht schlecht: Der Bremskraftverstärker stieß doch tatsächlich an die linke Seitenwand des Motorraumes! Mittels Hammer und etwas Gewalt schaffte ich dort ein wenig Platz. Da ich diese Stelle nachbearbeitete, konnte man dort fast nichts mehr von dieser Aktion sehen. Nun konnte ich endlich mittels Holzklötze und viel Geduld

die für mich am besten geignete Platzierung des stattlichen 9" Bremskraftverstärkers wählen. Ich verschweißte das Rohr und die Halteplatten provisorisch miteinander und baute im Anschluss das Gesamtkunstwerk vorsichtig wieder aus.

Nach dem fertigschweißen der Verlängerung montierte ich zur Vorsicht noch zusätzlich den Auslasskrümmer. Und siehe da: Ich musste doch tatsächlich noch zwei zusätzliche (wenn auch nur leichte) Einbuchtungen in mein neues Verlängerungsrohr einarbeiten, weil ansonsten der Auslasskrümmer nun nicht mehr richtig passen würde. Nachdem ich die zukünftigen Stellen der Einbuchtungen auf dem Verlängerungsrohr durch Markierungen festlegte, versah ich das Rohr mit den gewünschten Konturen. Dies ging recht einfach, nachdem ich das Verlängerungsrohr bis zur Rotglut erwärmte. Ich formte die Einbuchtungen mit einem zusätzlichen, geeigneten Stahlrohr und der Zuhilfenahme eines Hammers.

Nun konnte ich endlich auch den Hauptbremszylinder an dem Bremskraftverstärker anhalten, um mir so ein Bild über dessen Platzbedarf zu machen. Im Endeffekt musste ich ein ausreichend großes Loch für den Hauptbremszylinder samt Bremsflüssigkeitsbehälter im Frontblech schaffen. Zuerst nahm ich für die schönen, runden Ecken eine Lochsäge und im Anschluss für die geraden Verbindungsschnitte der beiden Löcher zur Schaffung eines Ovals den Winkelschleifer.

Um später problemlos die Bremsleitungen am Hauptbremszylinder montieren zu können, musste ich auch noch an der linken Schlossträgerstrebe für die betreffende Bremsleitung eine kleine Ecke ausschneiden. Dies würde später sicher kein Mensch (außer mir) merken. Außerdem musste ich vorne im unteren Luftleitblech hinter dem Kühlergrill ein kleines, ovales Loch schaffen, für die am Hauptbremszylinder unten gelegene Bremsleitung, welche von einem der vorderen Bremskreise stammte. Zum Glück besaß ich genau für solche Zwecke eine recht kompakte Druckluftbohrmaschine, für alles andere hätte ich nicht einmal Ansatzweise Platz zum Arbeiten gehabt. Mit einem Stufenbohrer setzte ich zwei große Löcher nebeneinander und verband diese erneut mittels Winkelschleifer zu einem wunderschönen Oval. Natürlich wurde alles im Anschluss mit einer Feile entgratet. Jetzt konnte ich tatsächlich voller Stolz probeweise die selbstgebaute Bremskraftverstärkerverlängerung, den Bremskraftverstärker und den Hauptbremszylinder samt Ausgleichsbehälter als Gesamtpaket erstmals montieren.

Später schaffte ich noch im Bereich der Spritzwand auf der Fahrerseite oberhalb des Gasgestänges eine kleine Einbuchtung für den Ölmessstab. Dies ist zwar nicht die komfortabelste Lösung, aber zu mehr besaß ich derzeit einfach keine Lust.

Ausserdem schaffte ich noch eine kleine Einbuchtung für den Heizungsanschluss am hinteren Ende des Zylinderkopfes. Dieser Anschluss wurde von mir zwar stillgelegt, aber auch diese Maßnahme erforderte ein gewisses Maß an Platz.

"Weist du noch? Ich sagte dieses Auto ist Todsicher! Das war nicht gelogen. Dieses Auto ist 100% Todsicher! Aber um es wirklich genießen zu können, Schätzchen, solltest du doch schon hier auf meinem Platz sitzen!"

(Zitat aus dem Film "Death Proof")

Überrollbügel

Für den Überrollbügel aus dem Hause "Heigo" musste ich die Hutablage, die Innenraumleuchte und die originalen, statischen Gurte ausbauen, entgegen mancher Einbautipps aus dem "www" bleibt der Fahrzeughimmel selbstverständlich unangetastet.

Zu Beginn stellte ich den Überrollbügel provisorisch in den Innenraum. Ich richtete das Bauteil aus, um mir so einen Überblick zu verschaffen, da ich bis jetzt noch nie ein solches Bauteil in einem Opel Kadett B verbaut hatte. Der Überrollbügel musste so weit wie möglich nach hinten, die Halteflansche sollten ja unbedingt plan auf dem Unterboden aufliegen. Für den Hauptbügel markierte ich dann Seite für Seite (also auf keinen Fall alle auf einmal) die zukünftigen Befestigungs-

löcher, körnte diese an und bohrte Löcher im Durchmesser von 10 Millimeter. Ich verschraubte jeden Halteflansch mit je drei Sechskantschrauben der Dimension M10x30 und dazu passende, selbstsichernde Muttern M10. Ich wiederholte alle Arbeitsschritte ebenfalls für die Halteflansche an der Hutablage.

Wichtig: Es müssen unbedingt unter jedem angeschraubten Halteflansch passende "Unterlegplatten" zur Stabilisierung verwendet werden. Für die Verschraubungen an der Hutablage baute ich mir diese (da die originalen Platten beim Kauf fehlten) aus fünf Millimeter starke Stahlplatten in der Abmessung 70x90 Millimeter, für den Unterboden benötigte ich Platten in der Größe 70x70 Millimeter. Nun musste ich "nur" noch die Diagonalstrebe einbauen und alle Schrauben nachziehen. Mit Diagonalstrebe wird das Fahrzeug zwangsläufig durch den TÜV zu einem Zweisitzer erklärt, ohne die Diagonalstrebe würde es vermutlich bei einem Fünfsitzer bleiben. Als krönenden Abschluss baute ich die Innenraumleuchte und die Gurte wieder ein.

Vermutlich wird sich der eine oder andere darüber wundern, das ich den Überrollbügel mit Schrauben der Dimension M10 befestigte. Standardmäßig wird der Überrollbügel vermutlich mit Schrauben der Größe M8 befestigt. In meinem Fall aber, bohrte ein Vorbesitzer den größten Teil der Bohrungen auf den Durchmesser von 10 Millimeter auf, ist mir im Nachhinein nur recht. Die einzelnen Bügelkomponenten wurden mittels der vorhandenen Klemmschellen und Innensechskantschrauben (acht Stück) in M6x16 zusammengebaut.

Das Gutachten übrigens, welches ebenso beim Kauf fehlte, bekam ich nahezu problemlos vom Hersteller (in meinem Fall Heigo) per E-Mail als PDF-Datei. Und das sogar kostenlos! Ich musste lediglich das Typenschild des eingebauten Überrollbügels abfotografieren und als Beweis per E-Mail an den Hersteller schicken.

Das gefällt mir.

Das nenne ich Service!

"Okay, ich hab´s gemessen: 0,0 Volt.
Nach 3 Sekunden: 0,0 Volt.
Und nach einer Minute immer noch 0,0 Volt.
Ach ich Depp, Batterie anklemmen wäre natürlich auch ganz gut."

(Weisheit aus dem Internet)

Elektrisches, die I.

Die nächste Baustelle, welche bereits auf mich wartete, war der Kabelbaum des Opel Calibra 16V. Dieser musste erst einmal nur provisorisch an meine Limo angepasst werden. Instinktiv begann ich an dem zentralen Startpunkt: Dem Motorsteuergerät. Dieses platzierte ich nach langem Kopfzerbrechen hinter dem Armaturenbrett unterhalb der Windschutzscheibe, wo normalerweise eigentlich der Innenkasten des Handschuhfaches sitzen würde. Die Kabeldurchführung für den Kabelbaum wählte ich auf der Beifahrerseite oben rechts in der äußeren Ecke unterhalb der Windschutzscheibe, weil zum einen selbst vom Motorraum aus "unsichtbar" und zum anderen nicht gefährdet durch Wassereinbrüche oder ahnlichem. Ich schnitt eigens dafür ein 52 Millimeter großes Loch (genau passend zum Gummistopfen im Kabelbaum) mit einer Lochsäge, eingespannt in einer

Bohrmaschine. Das Loch befindet sich unter dem Luftleitblech oberhalb rechts in der Nähe der Batterie. Für die Befestigung des Steuergerätes an der Karosserie schweißte ich eigens vom Innenraum aus drei Sechskantschrauben der Größenordnung M6 durch die Öffnung des Handschuhfachdeckels an das Blech der Motorspritzwand unter der Windschutzscheibe an. So konnte ich das Steuergerät voller Stolz mit wunderschönen, nostalgisch anmutenden Hutmuttern aus Messing anschrauben, schließlich lagen diese seit Jahren in einer Schraubenkiste herum und ich fragte mich des öfteren wofür diese überhaupt zu gebrauchen wären. Jetzt wusste ich es. Den Kabelbaum verlegte ich vom Motorraum aus durch das frisch geschnittene Loch in den Innenraum und schloss den Hauptstecker an das Motorsteuergerät an.

Jetzt konnte ich endlich loslegen, rückblickend betrachtet haben mir die nachfolgenden Arbeiten während des gesamten Umbaus den meisten Spaß bereitet: Der Anschluss des Kabelbaumes.

Die Leitungen für den Nockenwellensensor zog ich aus der Einspritzleiste heraus, das gefiel mir so überhaupt nicht. Wie das geht? Dafür musste ich eigens den Stecker abmachen, die einzelnen Leitungen (Kabelfarben: PIN 1 = schwarz; PIN 2 = braun/schwarz; PIN 3 = braun/grau) umwickelte ich zu einem Strang mit

Isolierband und zog die Leitungen mit Hilfe von Silikonspray aus der Einspritzleiste heraus. Dann entfernte ich das Isolierband wieder und steckte die Steckkontakte der einzelnen Leitungen wieder korrekt zurück in den zuvor demontierten Stecker.

Kleiner Tipp am Rande: Um die einzelnen, kleinen "Steckkontakte" aus einem Stecker des Opel Motorkabelbaumes zerstörungsfrei herauszubekommen, benutzte ich eine am Ende leicht "plattgeklopfte" Büroklammer. Durch geschicktes verdrehen der Büroklammer in dem Stecker konnte ich so die Haltelasche des einzelnen Steckkontaktes durch zurückdrücken überlisten und ihn im Anschluss einfach aus dem Stecker herausziehen.

Als nächstes musste ich sämtliche verbliebenen Leitungen zwischen dem Stecker des Motorsteuergerätes und der Einspritzleiste um satte 700 Millimeter verlängern. Ich lötete dafür neue Kupferkabel in ausreichender Dimensionierung sauber zwischen den zueinander versetzten Schnittstellen ein. Sämtliche Lötstellen versah ich mit Schrumpfschläuchen. Ich versetzte die Lötstellen deshalb zueinander, da ansonsten in der Gesamtsumme alle Lötstellen eine wohlmöglich auffallende "Verdickung" im Kabelbaum unter Umständen "Würgereize" auslösen würde.

Die Leitungen für den Klopfsensor/Luftmassenmesser zog ich, wie zuvor auch, durch Entfernen des Steckers, zusammen mit den Leitungen des Nockenwellensensors zusammen aus der Einspritzleiste heraus (Kabelfarben: PIN 1 = rot/blau; PIN 2 = braun/ blau; PIN 3 = schwarz; PIN 4 = braun/schwarz; PIN 5 = braun/ weiß).

Auch den vierpoligen Stecker des Zündschaltgerätes, das Kabel der Lambdasonde und den zweipoligen Stecker des Aktivkohlemagnetventils zog ich durch das Entfernen des jeweiligen Steckers aus der Einspritzleiste heraus.

Ein dickes, braunes und ein speziell abgeschirmtes Massekabel zog ich dann auch noch aus der Einspritzleiste heraus. Dieses Kabel kürzte ich allerdings auf die benötigte Länge ab, um es an einem geeignetem Ort (ich entschied mich für die Ansaugbrücke) als Massekabel an ein ohnehin schon vorhandenes Gewinde wieder anschrauben zu können.

Nun war ich glücklich, denn aus dem "vorderen" Ende der Einspritzleiste kam kein einziges Kabel mehr heraus. Das verbliebene, nun nutzlose Loch verschloss ich dicht mit einen passenden Gummistopfen aus einer Kramkiste.

Folgende Leitungen schloss ich als nächstes an:

Im Strang des vierpoligen Steckers des Zündschaltgerätes war noch ein einsames, schwarzes Kabel. Dieses musste ich an Klemme 15 (Zündungsplus) anschließen, damit das Motorsteuergerät auf diesem Wege (über PIN 27) mit Spannung versorgt werden konnte.

Kleiner Tipp: In meiner 73er Limo wurde für die Plusversorgung der Zündspule ab Werk ein sogenanntes "Widerstandskabel" verwendet, erkennbar an der transparenten Isolierung. Dieses musste ich unbedingt durch ein herkömmliches Kabel ersetzen, da sonst die Zündanlage nicht mit ausreichender Spannung versorgt werden würde.

In unmittelbarer Nähe des Haupsteckers vom Motorsteuergerät, also in meinem Fall im Innenraum, befand sich ausserdem ein einpoliger Stecker mit einem Kabel der Farbe rot/blau. Dies ist die Versorgungsleitung der Kraftstoffpumpe. Ich musste diese verlängern, um sie so durch den Innenraum nach hinten in Richtung Kraftstoffpumpe verlegen zu können. In weiser Voraussicht versah ich diese

Leitung (so nahe am Anfang wie möglich) mit einer "fliegenden" Sicherung der Dimensionierung "25A".

Ein weiteres Gimmick konnte ich mir einfach nicht verkneifen, es hat mir allerdings, im Nachhinein bemerkt, schon mehrfach geholfen: Die Möglichkeit, mittels verstecktem Schalter unter dem Armaturenbrett, bei Bedarf den Fehlerspeicher des Motorsteuergerätes dank "Blinkcodes" einfach “auszublinken”. Die dafür notwendige "Motorkontrollleuchte" ist eine kleine, zeitgenössische Glühlampe in der Blende neben dem Warnblinkschalter.

Ich schloss den Schalter wie folgt an (normalerweise ist dieser selbst bei dem Ursprungsfahrzeug des C20XE nicht vorhanden):

In der Nähe des Hauptsteckers vom Steuergerät befand sich ein fünfpoliger, grüner Stecker. Das "braun/gelbe" Kabel (PIN 13 Motorsteuergerät) und das "braun/weiße" Kabel (PIN 55 Motorsteuergerät) musste jeweils "auf Masse" gelegt werden um so den "Ausblinkvorgang" zu starten. Um nicht ständig mit einer Büroklammer zum "Kurzschließen" im Diagnosestecker herumpfuschen zu müssen, lötete ich einfach meinen Schalter zwischen den Eingangs erwähnten Leitungen und der Karosseriemasse. Das "braun/blaue" Kabel (PIN 22 Motorsteuergerät) ist übrigens die Plusversorgung der Motorkontrollleuchte, die Masse erfolgte wieder gesondert über die Karosserie.

Aus dem gleichen grünen Stecker nutzte ich übrigens noch das "grüne" Kabel (PIN 6 Motorsteuergerät) als Drehzahlsignal für den originalen Opel Kadett B Drehzahlmesser.

Kleiner Tipp: Ohne eingesetztes Kraftstoffpumpenrelais funktioniert das "Fehlerausblinken” nicht!

"Houston - wir haben ein Problem!"

(Zitat aus dem Film "Apollo 13")

Probelauf, die I.

Um den Ölkreislauf für den anstehenden ersten Probelauf zu schließen, baute ich meinen elfreihigen Ölkühler von Racimex wieder ein. Ich rüstete ihn schon zu Zeiten des OHV-Motors nach. Ich "versteckte" ihn damals äußerst dezent hinter der linken Nüster oberhalb der Stoßstange, wie sie jeder Opel Kadett B der "neueren" Generation (ab Fahrgestellnummer) besitzt. Die vier benötigten Löcher für die Befestigung mittels Schrauben der Größenordnung M6 wurden fast unsichtbar hinter dem Kühlergrill platziert. Die Schläuche in passender Länge ließ ich mir eigens anfertigen. Es ist von äußerst wichtiger Bedeutung, das diese Ölschläuche absolut gewissenhaft verlegt und befestigt werden. Im Bereich der Durchführungslöcher innerhalb der Frontmaske rechts neben dem Kühler schützte ich die Ölkühlerschläuche durch zusätzlich übergestülpte, längs aufgeschnittene Schläuche gegen ein eventuelles "Durchscheuern". Für die beiden Durchführungen bohrte ich zwei Löcher der Größe 30

Millimeter unten in die Frontmaske, rechts neben dem Wasserkühler. Die Ölkühlerschläuche selber besaßen folgende Abmessungen, jeweils gemessen an der Öse der jeweiligen Hohlschraube von Mitte Loch zu Mitte Loch:

1x Schlauchlänge ca. 850 Millimeter, Schlauchstärke ca. 20 Millimeter, 1x Öse für Hohlschraube M18, 1x Öse für Hohlschraube M16; 1x Schlauchlänge ca. 1080 Millimeter, Schlauchstärke ca. 20 Millimeter, 1x Öse für Hohlschraube M18, 1x Öse für Hohlschraube M16. Meine momentan verbauten Schläuche überzeugen mich jedoch qualitativ nicht wirklich, ich werde sie bei Gelegenheit durch andere Exemplare mit höherer Wandstärke ersetzen. Die Adapterplatte mit Thermostat für den Ölkühleranschluss zwischen Motor und Ölfilter stammt original vom Opel Calibra 16V. Neue Kupferringe sind selbstverständlich.

Auch den Ölfilter erneuerte ich selbstredend, ich nahm einen MANN W712/22 aus dem Regal.

Um möglichst viel Bodenfreiheit zu erlangen, zog ich es vor, den recht flachen Katalysator eines Opel Vectra A 1.6i (Opel Nr.: 25143762) zu verbauen. Für die Verbindung suchte ich mir von alten Auspuffanlagen aus der Schrottkiste zwei passende Anschlussflansche heraus. Ich positionierte den Katalysator mit bereits provisorisch angeschraubten Flanschen am Unterboden und schweißte so die Schraubflansche jeweils am Hosenrohr und am Rohr des Mittelschalldämpfers an. Als Hitzeschutz zwischen Katalysator und Unterboden nahm ich eine dünne, biegsame Hitzeschutzplatte aus Altbeständen. Ich versah sie am Rand entlang mit 6 Löchern und befestigte sie dank vorher am Unterboden angeschweißten Sechskantschrauben der Größe M6x16 mittels Unterlegsscheiben und Hutmuttern. Jetzt komplettierte ich die Auspuffanlage und verbaute als krönenden Abschluss auch noch ein neue Lambdasonde und schloss diese an.

Da übrigens die neue Zündspule des Opel Calibra 16V unbedingt am "originalen" Einsatzort (nämlich dem linken Innenkotflügel) verbaut werden sollte, benötigte ich außerdem ein extralanges Zündkabel (Länge: 600 Millimeter, BERU B108 A, Bestell-Nr.: 0 300 811 351) zwischen Zündspule und Klemme 4 des Zündverteilers.

Benötigt wurde auch noch ein Masseband (Länge 250 Millimeter) zwischen Karosserie und Motor (Originaler Befestigungspunkt Rahmen rechts und ein vorhandenes Gewindeloch M8 unterhalb des Starters). Ein weiteres Masseband (Länge: 200 Millimeter) verbaute ich sicherheitshalber zwischen dem Schaltgetriebe und der Karosserie. Eine fehlende oder unzureichende Masseverbindung könnte ansonsten während des Betriebes weitreichende, negative Folgen für das Motorsteuergerät haben.

Als Kraftstoffleitung diente mir Kupferrohr mit einem Außendurchmesser von 8 Millimeter aus dem Sanitärfachhandel. Ich befestigte diese mittels Gummi-Metallschellen aus dem Campingbedarf (ich bekam diese Schellen nirgendwo sonst) und versah diese noch mit einem neuen Kraftstofffilter (BOSCH Art.-Nr.: 0 450 905 002).

Als Drosselklappenbetätigung behielt ich Anfangs den originalen Gaszug des Opel Calibra 16V bei, in Kombination mit vielen Originalteilen des Gasgestänges aus dem Opel Kadett B 1.2S.

Ich fertigte lediglich ein Verbindungsstück für diese beiden Komponenten in Form eines Schwenkhebels samt Halter. Ich befestigte diesen Halter in der Nähe des Scheibenwischermotors. Dass diese Art der Drosselklappenbetätigung schon nach zwei Runden auf dem Hockenheimring den "Geist" aufgeben, von mir komplett verworfen und neu geplant werden würde, wusste ich zu diesem Zeitpunkt natürlich noch nicht.

Der erste Startversuch schlug fehl, ich befand kurze Zeit später den Kurbelwellensensor für schuldig. Er war defekt.

"Wer auf der Stelle tritt, kann nur Sauerkraut fabrizieren."

(Zitat: Sir Peter Ustinov)

Luftfilterkasten

Obwohl Blecharbeiten nicht wirklich mein Ding sind, baute ich mir trotzdem in der Zwischenzeit aus lauter Verzweiflung einen Luftfilterkasten selber. Ich fand trotz sorfältiger Suche keinen auch nur ansatzweise passenden Luftfilterkasten. Er sollte im Motorraum vorne rechts mittels vier angeschweißter Stehbolzen der Größenordnung M8 und selbstsichernden Muttern befestigt werden. Außerdem müsste der Luftfilter jederzeit ohne Werkzeug austauschbar sein, so wie es früher auch bei den meisten Fahrzeugen noch üblich war. Als Grundlage für den selbstgebauten Luftfilterkasten nahm ich, aufgrund der recht kompakten Größe, einen alten, gebrauchten K&N Sportluftfilter (K&N Nr. 33-2162) aus einem Suzuki Baleno 1,8 16V. Dessen äußerst kompakte Abmessungen von lediglich 172 Millimetern Länge und 140 Millimeter Breite dienten von nun an als Basis für die Herstellung des zukünftigen Luftfilterkastens.

Nachdem ich die ermittelten Grundmaße auf ein Stück Blech übertrug, tätigte ich munter, aber dennoch wohlüberlegt, mit der Blechschere die ersten Schnitte. Wer kein gutes, räumliches Vorstellungsvermögen besitzt, sollte Anfangs vieleicht erst einmal mit Papier oder Pappe üben und vieleicht noch zusätzlich einen Origamikurs im örtlichen Bastelladen oder Kindergarten belegen. Nach den ersten Schnitten spannte ich das Blech so geschickt wie möglich in den Schraubstock und legte mit einem Blechhammer die ersten Kanten des zukünftigen Luftfiltergehäusedeckels sauber um.

Hin und wieder musste ich allerdings das Blech umspannen, da öfter mal das eine oder andere Teil des Schraubstockes im Wege war und ich das Blech so nicht abkanten konnte. Daher war es von äußerster Wichtigkeit, jeden Schritt bereits im Vorfeld genau zu planen, da man nur allzuschnell die Kante nicht sauber hinbekam oder etwa in einer "Sackgasse"

landete, sprich man kam nicht weiter. Da der Luftfilter später im Motorraum relativ gut sichtbar sein würde, versuchte ich aus diesem Grunde äußerst sorgfältig zu arbeiten, damit der Luftfilterkasten später möglichst gut ausschauen würde. Daher galt es, mir speziell beim Abkanten

des Luftfilterdeckels besonders viel Mühe zu geben. Schließlich würde dieser später zwangsläufig im direkten Sichtbereich liegen. Gelangte ich trotzdem mal an eine verzwickte Stelle, an der kein sinnvolles einspannen des Bleches im Schraubstock mehr möglich schien, bog ich das Blech zwar zähneknirschend, aber dennoch vorsichtig, mit einer Kombizange in die von mir gewünschte Richtung. Da ich auf diesem Wege nicht unbedingt perfekte Ergebnisse erzielte, sollte diese Vorgehensweise wirklich nur auf absolute Ausnahmefälle begrenzt werden und unter keinen Umständen zur Regel wer-

den. Da ich ja später die umgebogenen Blechlaschen sauber verschweißen wollte, bohrte ich jeweils in der inneren (also nicht außen liegenden) Blechlasche in vorausschauender Weise ein Loch hinein, denn noch würde dies einigermaßen ungestraft mit der Standbohrmaschine möglich sein. Ich bohrte absichtlich ein etwas größeres Loch, damit ich mir sicher sein konnte, dort später einen möglichst haltbaren Schweißpunkt setzen zu können. Nun musste ich noch die Blechlasche auf der jeweils gegenüberliegenden Seite umbiegen und diese ebenfalls sauber abkanten. Es war schon auf einer gewissen Art und Weise eine kleine Herausforderung, dies wirklich rundherum flächendeckend hinzubekommen, da es irgendwann auch mal mit dem einspannen ziemlich brenzlig wurde. Schließlich sollte der Deckel und das Gehäuse jeweils nur aus einem Blechteil bestehen. Als alle Seiten fertig umge-

kantet waren, musste ich nur noch dafür Sorge tragen, dass die Blechlaschen auch wirklich plan und spaltfrei aufliegen würden, damit später nach dem Verschweißen kein Luftspalt zu sehen und das Gehäuse absolut dicht sein würde. Außerdem musste der Luftfiltereinsatz gut passen, dieses Hauptmerkmal nur mal so am Rande erwähnt.

Als nächstes konnte ich die inneren Haltelaschen mit einem satten Schweißpunkt dauerhaft verbinden. Dabei wollte ich möglichst wenig Material auftragen, da ein späteres Abschleifen im Inneren des Deckels mangels Platz kaum möglich gewesen wäre.

Die nun noch sichtbaren, verbliebenen Schnitte an jeder Ecke im Außenbereich des Deckels verschweißte ich ebenfalls äußerst sorgfälitig, Stichwort unmittelbarer Sichtbereich. Allerdings konnte ich dort mit ruhiger Hand die so entstandenen Schweißnähte mit

dem Winkelschleifer und einer Fächerschleifscheibe von beiden Seiten sauber abschleifen.

Im Groben war der Deckel jetzt fertig. Es fehlte lediglich noch der Ansaugstutzen im Durchmesser von 70 Millimetern, um den späteren Luftfilterkasten an den Luftmassenmesser anschließen zu können. Aber zunächst wollte ich mich an das Unterteil des Luftfilterkastens begeben. Dieses stellte ich auf recht ähnlichem Wege her, allerdings plante ich dort mit voller Absicht eine Schräge ein, da die Befestigungsfläche am Innenkotflügel ja auch nicht senkrecht verlaufen würde. In der Summe fertigte ich also das Unterteil des Luftfilterkastens mit nahezu identischen Abmessungen und Arbeitsschritten (wie zuvor bei dem Deckel) an. Eine

provisorische Montage der Luftfiltermatte brachte einen ungehörigen, nicht zu verachtenden Motivationsschub, denn der Luftfilterkasten machte meiner Meinung nach eine recht gute Figur. Nun konnte ich mir so langsam ernsthafte Gedanken über die beiden benötigten Ansaugstutzen im besagten Durchmesser von 70 Millimeter machen. In der Werkstatt und auch in der Schrottkiste fand ich auf Anhieb jedoch nichts passendes.

Um zunächst die für die Anschlußstutzen notwenigen Löcher in den beiden Gehäusehälften zu schaffen, konnte ich leider nicht auf eine passende Lochsäge zurückgreifen. Daher ging ich den mühsamen und qualvollen Weg: Ich zeichnete mir die benötigten Löcher an und bohrte diese grob mit einer Handbohrmaschine Loch für Loch aus. Nach dem ausbohren feilte ich tatsächlich beide Löcher mit einer Halbrundfeile

aus. Da ich immer noch keine kurzen Rohrstücke im Durchmesser

von 70 Millimeter fand, stand also auch hier fest, das ich diese selbst anfertigen musste. Ich schnitt zu diesem Zweck ein rechteckiges Stück Blech im passenden Abmessungen aus und brachte es mit einem rundem Hilfsmittel im geeigneten Durchmesser mittels Schraubstock und Blechhammer in Form. In meinem Fall bewährte sich eine einfache Farbsprühdose bestens.

Nachdem ich das Rohr grob in Form brachte, schweißte ich es

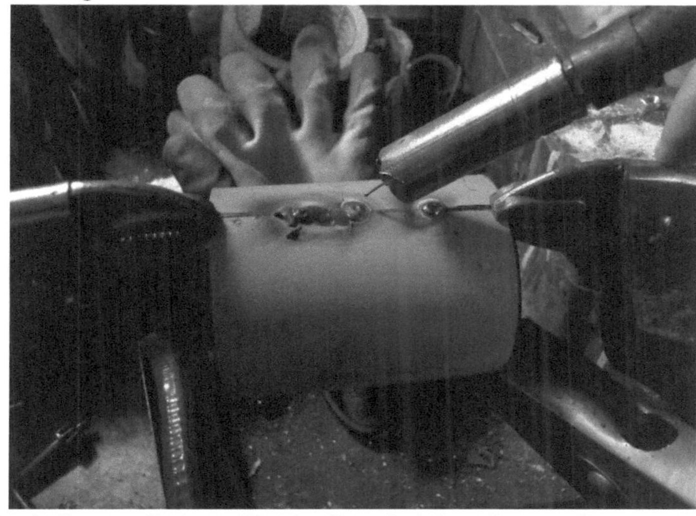

probehalber zusammen. Danach stutzte ich die Enden noch ein wenig, verschönerte die Auflagekanten und schweißte dann schließlich je einen der beiden Anschlußstutzen an das jeweilige Teil des Luftfilterkastens an. Auch bei dieser Schweißarbeit gab ich mir, auch wenn man das nicht unbedingt auf den ersten Blick erkennen kann, überdurchschnittlich viel Mühe, des unmittelbaren Sichtbereiches wegen. Die beiden Einzelteile des Luftfilterkastens sollten später durch Handrändelschrauben in der Gewindedimension M6 ohne Werkzeug jederzeit ab- und wieder angebaut werden können. Zu diesem Zweck schweißte ich an dem Luftfilterkastenunterteil von unten am Gehäuserand gewöhnliche Sechskantmuttern an. Als Befestigung im Motorraum steckte ich vom Innenkotflügel aus gewöhnliche Sechskantschrauben der Größenordnung M8 durch vorher gebohrte Löcher und schweisste auch diese fest. Der Luftfilterkasten sollte später mit selbstsichernden Muttern (gelöste Muttern im Ansaugtrakt kommen halt nicht so gut) am Innenkotflügel verschraubt werden. Nachdem ich den Luftfilterkasten schwarz lackierte, versah ich den Rand des Unter-

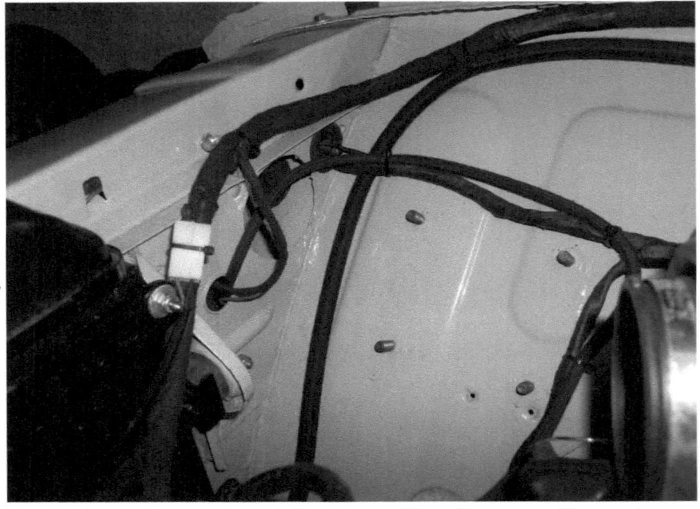

und Oberteils aus optischen und sicherheitstechnischen Gründen mit einem schwarzen Kantenschutzband.

Von dem K&N Luftfiltereinsatz sah ich dann schlussendlich doch ab, da mein Musterfilter aus einem Schrottfahrzeug stammte und stark verschmutzt war. Da das Luftfilter eigentlich hätte gereinigt und im Nachhinein mit einem speziellen Luftfilteröl eingesprüht werden müssen, ersetzte ich ihn später aus Angst vor einem eventuellen Defekt des Luftmassenmessers lieber durch einen "trockenen" Luftfilter von Pipercross. Hier befindet sich dann kein für den Luftmassenmesser schädlicher Öldunst in der angesaugten Luft. Damit auf keinen Fall warme Luft aus dem Motorraum angesaugt werden würde, versah ich den Vorderwagen eigens für den Ansaugstutzen des Luftfilterkastens mit einem passenden Loch. Dieses befindet sich direkt hinter dem

Kühlergrill, so dass ausschließlich kalte, frische Luft angesaugt werden würde. Somit war für mich persönlich von vornherein ein offener Luftfilter nie eine Option. Zumal ein solches Bauteil ohnehin nicht auf legalem Wege in Verbindung mit einem Sportauspuff eingetragen werden kann.

"Nun stellen wir uns die Frage: Was führt ein 8000-Pfund-Mako-Hai mit einem Gehirn von der Größe eines V8-Motors, der keine natürlichen Feinde hat, im Schilde?"

(Zitat aus dem Film "Deep Blue Sea")

Probelauf, die II.

Vor einem zweiten, erneuten Probelauf bog, bördelte und verlegte ich die beiden noch fehlenden Bremsleitungen vom Hauptbremszylinder zum Bremssattel vorne links und nach hinten bis zur Hinterachse. Die Bremsleitung für den Bremssattel vorne rechts konnte ich allerdings erst später herstellen, da dies am einfachsten bei ausgebautem Motor zu machen sein würde. Ich wollte sie unbedingt an der Spritzwand entlang über dem Getriebe verlaufen lassen. Alle Leitungen wurden im Abstand von ca. 20 Zentimetern mit Gummimetallschellen an der Karosserie befestigt.

Tatsächlich lief nun der Motor, aber leider nicht so gut, wie ich es mir wünschen würde. Auch wenn es vermutlich nicht für den unruhigen Motorlauf verantwortlich war, musste ich feststellen, dass der Auslasskrümmer an der "Vier-in-Eins"-Verbindungsstelle leicht undicht war. Also prüfte ich dies zuerst und schweisste die fragliche Stelle nach.

Bezüglich des unrunden Motorlaufes verdächtigte ich die Einspritzventile. Zügig baute ich alle Einspritzventile aus und prüfte sie auf ihre Funktion. Dazu steckte ich die ausgebauten Einspritzventile wieder zurück in die noch demontierte Einspritzleiste, steckte auf jedes Einspritzventil eine leere Getränkeflasche und ließ den Motor mittels Starter ein wenig drehen. Anhand der eingespritzten Kraftstoffmenge erkannte ich unschwer, das lediglich zwei Einspritzventile in Ordnung waren. Ein Einspritzventil spritzte weniger und das letzte gar keinen Kraftstoff ein. Nun musste ich mir Gedanken machen, wie ich den Einspritzventilen etwas "Gutes" tun könnte, ich dachte zum Beispiel als erstes an eine Art der "Reinigung". Irgendwann aber, nachdem ich sie mehrfach wie vorher erwähnt ausprobierte, funktionierten sie nach und nach wieder wie von Geisterhand und verrichten bis heute klaglos ihren Dienst. Vermutlich waren sie durch die längere Standzeit nur "verklebt" und lösten sich nach und nach wieder durch den "frischen" Kraftstoff und wurden so "freigespült".

Einfach so wieder einbauen konnte ich die Einspritzventile allerdings nicht, denn ich stellte bereits beim Ausbau fest, das die Gummidichtringe rissig und porös waren. Also musste ich sie erneuern. Pro Einspritzventil würden zwei Stück benötigt werden, also insgesamt acht Dichtringe. Ein Dichtring kostet beim freundlichen Opelhändler allerdings 3,90 € (Teile-Nr.: GM 90541910) und lässt sich leider nicht durch Normteile ersetzen, da die Normteile ein wenig dünner sind. Falls Interesse besteht, ich hielt seinerzeit einen Messschieber an und maß folgendes:

Stärke	=	3,5 Millimeter
Durchmesser außen	=	14,5 Millimeter
Durchmesser innen	=	8,5 Millimeter

Damit der Motor beim erneuten Probelauf keine Falschluft ziehen würde, verschloss ich den Anschluss für den Bremskraftverstärker provisorisch, da ich noch keinen passenden Schlauch besaß.

Beim erneuten Testlauf, allerdings noch immer ohne Kühlwasserkreislauf, lief der Motor nun richtig gut!

"Und wohin geht die Reise?"
"Mexiko."
"Was gibt es in Mexiko?"
"Mexikaner."

(Zitat aus dem Film "From Dusk till Dawn")

Wasserrohr

Für den Kühlwasserkreislauf musste ich ja eine Verbindung von der Wasserpumpe vorne rechts, also der Beifahrerseite, zum Kühleranschluss unten rechts herstellen. Das originale Kunststoffrohr schied aus, da es für Fronttriebler und somit quer eingebaute Motoren entwickelt wurde und in die falsche Richtung zeigte. Auch das hochgelobte Rohr des Opel Omega A mit OHC Motor passte nicht einmal ansatzweise, da ich ja zweifelsfrei einen 180° Bogen benötigte, also wieder ein Ammenmärchen aus den schier unendlich scheinenden Weisheiten des "www", dem allseits bekannten "Wunderland der Wunderwichtel".

Also war trotz des Opel Baukastensystems wieder einmal "Selbermachen" angesagt. Ich nahm mir einfach ein ca. 30 Zentimeter langes Auspuffrohr mit einem Durchmesser von 35 Millimetern aus der Schrottkiste. Ein Rohrende schweißte ich zu, über das noch offene Ende befüllte ich das Rohr im Anschluss komplett mit Quarzsand. Diesen verdichtete ich und schweißte nun auch das andere Rohrende zu. Jetzt erwärmte ich das Rohr bis zur Rotglut und bog es nach und nach vorsichtig um schier unglaubliche 180°. Nachdem ich beide Enden wieder aufschnitt, montierte ich mein neues Wasserrohr testweise mit einem originalen Verbindungsschlauch vom Serienrohr. Es hat auf Anhieb wunderbar gepasst. Aber jetzt fing der Spaß eigentlich erst an, denn ich erinnerte mich noch dunkel daran, dass ja dank des großen Bremskraftverstärkers im Thermostatgehäuse keinerlei Platz mehr für irgendwelche Temperaturfühler war. Ich entschloss mich damals spontan, alle erforderlichen Temperatursensoren in mein neues 180° Wasserrohr unterzubringen. Und weil ich ohnehin gerade dabei war, verbaute ich dort

ebenfalls noch den Thermoschalter des geplanten Elektrolüfters. Ich bohrte also, um es zuammenzufassen, für a) den Temperaturfühler der Temperaturanzeige im Armaturenbrett, b) dem Temperaturfühler für das Motorsteuergerät und c) dem Thermoschalter für den Kühlerlüfter Löcher in mein neues Wasserrohr. Um die zukünftigen Bauteile dort standesgemäß unterbringen zu können, schweißte ich insgesamt drei zu den Sensorgewinden passende Muttern an und versah sie nachträglich noch mit Hartlot, es sollte sich nämlich tatsächlich beim ersten Dichtheitstest herausstellen, dass Schutzgasschweißnähte scheinbar nie zu 100% dicht sein würden. Habe ich schon öfter mal gehört.

Zum guten Schluss schweißte ich noch eine Schraube der Dimension M6 an das 180° Wasserrohr, um so die Sensoren später mittels angeschraubtem Masseband sicher mit Masse versorgen zu können. Für spätere Nachahmer nun eine Liste mit den von mir verwendeten Gewindegrößen:

a) Für den einpoligen Temperaturfühler (Temperaturanzeige Tacho)

eine Sechskantmutter M10x1,0 (dafür bohrte ich vorher ein 12 Millimeter Loch), b) für den zweipoligen Temperaturfühler (Temperatursignal Motorsteuergerät) eine Sechskantmutter M12x1,5 (dafür bohrte ich, weil er ein wenig schlanker war, vorher lediglich ein 10 Millimeter großes Loch) und als letztes c) für den zweipoligen, dicken Thermoschalter des Opel Rekord 1.8S (dieser schaltet bei Bedarf den Elektrolüfter ein und aus) eine Sechskantmutter M22x1,5 (dafür bohrte ich vorher ein 25 Millimeter großes Loch, mittels Stufenbohrer und einer Rundfeile).

Oben versah ich mein 180° Wasserrohr mittig mit einen Anschlussstutzen für die Verbindung zum 27 Millimeter starken Anschlussstutzen der Ansaugbrücke. Dafür nahm ich einfach ein kurzes Stück Kupferrohr, welches ich nach bohren eines passenden Loches an mein 180° Wasserrohr mittels Hartlot anlötete.

Die Schläuche der seriemmäßig verbauten Drosselklappenvorwärmung legte ich später bei demontiertem Motor mittels Blindstopfen still, da ich sowieso nicht im Winter fahren würde. Für den anschließenden Probelauf verschloss ich die noch verbauten Schläuche der Drosselklappenvorwärmung provisorisch, damit dort kein Kühlwasser herausgedrückt werden würde.

Nur mal so zum Spaß:

Bei einem späteren Probelauf wollte ich testen, ob der Elektrolüfter ordungsgemäß betätigt werden würde. Ich notierte mir die dabei mit einem Multimeter ermittelten Widerstandswerte des Temperaturfühlers (Tacho), da es mir nicht möglich war, die tatsächliche Wassertemperatur zu messen.

Bevor ich den Testlauf mit kaltem Motor startete, ermittelte ich einen Ausgangswert von ca. 1088 Ω. Der von mir neu verbaute Temperatursensor stammte ursprünglich aus einem Opel Calibra 16V. Solch ein Temperatursensor ist ja bekannterweise ein NTC-Widerstand, das heißt, bei steigender Temperatur sinkt der Widerstand. Der Elektrolüfter sprang schließlich bei ca. 112 Ω an, und wurde, nachdem dieser das Kühlwasser ein wenig abkühlte, bei ca. 129 Ω wieder ausgeschaltet. Ich erreichte nach mehreren Versuchen einen Spitzenwert von 103,5 Ω.

Leider gab es später noch ein wenig Ärger mit dem (eigens für diesen Umbau) neu gekauften Temperatursensor des Opel Calibra 16V.

Doch mehr dazu später.

"Elektrogeräte werden mit Rauch betrieben. Kommt der raus, ist das Gerät kaputt."

(Weisheit aus dem Internet)

Elektrisches, die II.

Als nächstes kam ich endlich in den Genuss, den neu erworbenen Elektrolüfter anzubringen. Ich entschied mich für einen Lüfter von "Spal" (Art.-Nr.: VA10-AP9/C-25A), mit einem Einbaudurchmesser von 336 Millimetern. Der Flügeldurchmesser betrug 305 Millimeter, die Einbautiefe lediglich 52 Millimeter und ferner besaß der besagte Lüfter einem Luftdurchsatz von satten 1460 Kubikmetern pro Stunde. Da er hinter dem Wasserkühler platziert werden sollte, bedurfte es also einer saugenden Ausführung. Nach einem wenig erfolgversprechenden Versuch mit labil umherwabernden Aluminiumleisten befestigte ich den Lüfter schließlich mit zwei 5 Millimeter starken Stahlprofilen, je 20 Millimeter breit, direkt an den originalen Halte-

laschen des Wasserkühlers. Die Stahlprofile längte ich auf Kühlerbreite ab, um sie an den originalen, seitlichen Haltelaschen des Kühlers montieren zu können, ohne denselbigen irgendwie ändern zu müssen. Genau für diese am Kühler vorhandenen Haltelaschen bohrte ich also

Löcher in meine Stahlprofile. Außerdem bohrte ich noch zusätzliche Löcher um auch den Elektrolüfter selber an die Stahlprofile festschrauben zu können. Als die Halteprofile fertig waren, bohrte ich noch zusätzliche Löcher zwecks Gewichtseinsparung in die Stahlprofile. Ich verschraubte den Elektrolüfter mit Schrauben der Größenordnung M6 und selbstsichernden Muttern. Den Elektrolüfter klemmte ich in vorausschauender Weise an Batterie Plus (Klemme 30) mittels fliegender Sicherung (15A), damit der Elektrolüfter bei Bedarf auch ohne Zündung weiterlaufen würde.

Nachdem ich die Motorhaube montierte, konnte ich nun endlich die langersehnten Haubenlifte montieren. Warum ich so etwas an mein Auto schraube? Ganz einfach: Weil mir die Haubenstange schon unzählige Male beim Arbeiten am Motor im Weg war.

Es sind übrigens Haubenlifte, welche ursprünglich für den VW Golf 2 (AD-Tuning Art.-Nr.: 91821) gedacht waren und passten eigentlich auf Anhieb. Ich musste lediglich zwei der beigelegten, schräg angewinkelten Kugelpfannen durch gerade Exemplare ersetzen.

Zwei anschraubbare Kugelköpfe mit Gewinde "M6" ersetzten die vorderen Befestigungsschrauben der Motorhaube auf jeder Seite, für das andere Ende musste ich an geeigneter Stelle im Motorraum (an den Innenkotflügeln) leider zusätzliche Löcher bohren. Aber erstens heiligt ja angeblich der Zweck die Mittel und zum anderen musste ja ohnehin der Motorraum neu lackiert werden.

Für die Temperaturanzeige im Armaturenbrett kaufte ich mir ursprünglich einen Temperaturfühler des Opel Calibra 16V. Dieser ist nicht nur optisch "identisch", er soll laut einiger "Umbauprofis" aus dem "www" auch identische Widerstandswerte (im Vergleich zum Originalteil aus dem Opel Kadett B 1.2S) liefern.

Die Realität sieht leider ganz anders aus: Der Tempertaurfühler des Opel Calibra hat einen anderen Widerstandswert. Punkt.

Was das zu bedeuten hat? Der Temperaturfühler des Opel Calibra 16V ist in keinster Weise zu gebrauchen. Denn erst wenn der Motor kochender Weise vom "Sensenmann" das "Du" angeboten bekommt, würde sich der Zeiger in der Temperaturanzeige endlich, allerdings nur wenige Millimeter, bewegen. Und das vermutlich aus Mitleid.

Nach einigen erfolglosen Testkäufen stellte ich fest, das alle aktuellen Temperaturfühler die falschen Widerstandswerte liefern. Zum Glück entdeckte ich (die zwar auf den ersten Blick nicht preiswerteste, aber einzig brauchbare Alternative) eine Neuauflage der “alten” Temperaturfühler bei "Splendid Parts". Bestellt, eingebaut und funktioniert bis heute perfekt.

Die Auflösung: Gemessen bei Zimmertemperatur hat der Temperaturfühler des Opel Calibra 16V einen Widerstandswert von ca. 1230 Ω, der "richtige" des Opel Kadett B lediglich 680 Ω. Der Widerstandswert mit dem Calibra-Fühler ist für die originale Temperaturanzeige des Opel Kadett B einfach zu sehr "daneben". Für testweise montierte Zusatzanzeigen aus dem Hause VDO übrigens auch.

Als ich nun endlich den originalen Opel Kadett B Drehzahlmesser

anschliessen konnte, stellte ich mit Erstaunen fest, das dieser nicht so recht optisch zu den vorhandenen Anzeigen passen wollte. Der Drehzahlmesser besaß nämlich eine silberne und der Tacho eine schwarze Zigerabdeckung in der Mitte der jeweiligen Anzeige. Da mattschwarzer Lack ohnehin Sportlichkeit betonen würde, nicht erst seit dem legendären Rallye-Kadett, baute ich den Drehzahlmesser also wieder aus, zerlegte ihn und klebte Zeiger und Zifferblatt ab. Das ging recht schnell von der Hand: Ich nahm ein DIN A4 Blatt, schnitt es bis zur Mitte ein und fädelte das Blatt unter dem Zeiger hindurch ein. Nun war gewährleistet, das wirklich nur die Nadelabdeckung einen Hauch mattschwarze Farbe abbekommen würde.

Weiteres zum Thema Elektrik: Um den neuen Kabelbaum möglichst in Originaloptik verlegen zu können, umwickelte ich den Kabelbaum mit schwarzem Textilband. Dieses nostalgisch anmutende Klebeband kostet zwar ein wenig mehr, machte aber einen sehr guten Eindruck, in Bezug auf die Verarbeitung und dem optischen Erscheinungsbild. Zuvor durchgeführte Versuche mit schwarzem, flexiblen Kabelleerrohr aus dem lokalen Baumarkt wurden aufgrund unbeschreiblicher Hässlichkeit glücklicherweise komplett aus dem Gedächnis gestrichen.

Nun zum Thema Hydraulik: Da absehbar war, das ich irgendwann in Kürze die Bremsleitungen am Unterboden befestigen würde, stand ich nun vor der Aufgabe, die von mir vormals wegeflexten, originalen Blechlaschen durch eine andere Befestigungsmöglichkeit zu ersetzen. Ich

entschied mich dafür, einfache Sechskantschrauben der Größenordnung M6x16 als "Halter" an den Unterboden zu schweißen. An diesen Schrauben schraubte ich im Anschluss Gummimetallschellen aus dem Campingbedarf an, um so die Brems- und Kraftstoffleitungen sicher und immer wieder lösbar am Unterboden befestigen zu können. Damit es später auch schick ausschauen würde, benutzte ich passende Hutmuttern mit dazugehörigen Unterlegscheiben. Ich klebte nach dem anschweißen die Gewinde umgehend ab, um sie später aufgrund

der anstehenden Lackierung des Unterbodens vor Farbe zu

schützen.

Ehrlich gesagt: Im Nachhinein ärgert es mich ein wenig, dass ich im Anschluss dieser Arbeiten eine Menge Zeit für die Modifikation der orignalen Heizung verplemperte. Urspünglich wollte ich sie um nahezu jeden Preis beibehalten.

Die Kurzversion dieser "Modifikation" würde so ausschauen:

Heizung ausbauen und wegwerfen.

Es gab aber auch Erfreuliches:

Den seitlichen, am Innenkotflügel befestigten Originalhalter des kleinen OHV-Bremskraftverstärkers konnte ich mit geringfügiger Modifikation wiederverwenden. Die beiden dafür erforderlichen Löcher im Innenkotflügel musste ich natürlich an einer anderen Stelle neu bohren, die alten wurden mit dem Schweißgerät sauber verschlossen.

Ohura: "Das Ding muss doch ein Auspuffrohr haben!"

(Zitat aus dem Film "Star Trek 6 - Das unentdeckte Land")

Auslasskrümmer, die II.

Der nächste Arbeitsschritt war Anfangs richtig gruselig. Handschuhe sind, wie ich ein wenig später bemerkte, absolutes Pflichtprogramm bei dem Arbeiten mit glasfaserhaltigen Werkstoffen. Was ich allerdings nie vermutet hätte, war, das tatsächlich selbst dünne Einweghandschuhe aus Latexgummi ausreichend Schutz bieten würden.

Im Prinzip wird das Auspuffband am Anfang und am Ende lediglich mit einer handelsüblichen "Schlauchschelle" fixiert, dazwischen wird es einfach nur "so fest wie möglich" um das betreffende Rohr gewickelt. Nachdem ich also Anfangs die erste Schlauchschelle anzog, brachte ich in weiser Voraussicht schon mal einen Kabelbinder so locker wie möglich an dem betreffenden Rohr provisorisch an, da ich später nur eine Hand frei haben würde und sich unter diesen Umständen ein

Kabelbinder zur provisorischen Fixierung nur sehr schwer im

Nachhinein einhändig anbringen ließe. Nun wickelte ich das Auspuffband so fest wie möglich mit leichter Überlappung um das erste Krümmerrohr, zum Ende hin zurrte ich das Auspuffband mit dem eben locker vormontierten Kabelbinder fest. Nun konnte ich in aller Ruhe die Schlauchschelle am Ende anbringen und den provisorischen Kabelbinder im Anschluss wieder entfernen.

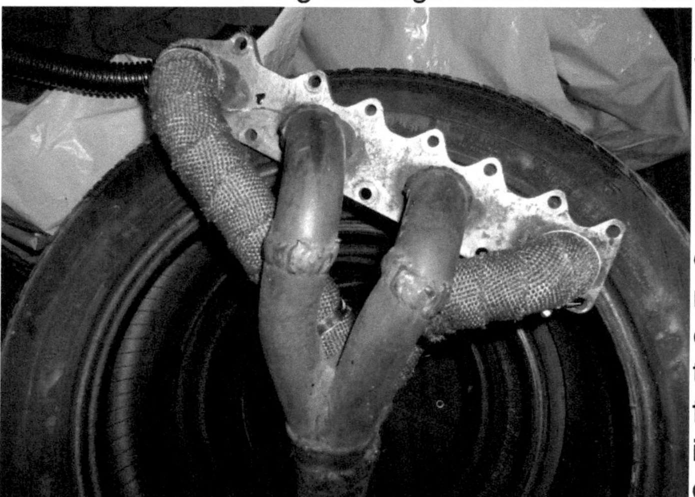

Als Startpunkt wählte ich den vierten Zylinder und verbrauchte bereits für dieses (vom Gefühl her) kurze Stück überraschender Weise 100 Zentimeter Auspuffband. Für den anschließend umwickelten ersten und dritten Zylinder benötigte ich bis zu der "Vier-in-Eins"-Verbindungsstelle ebenfalls jeweils 100 Zentimeter Auspuffband. Zum guten Schluss umwickelte ich das Krümmerrohr des zweiten Zylinders "in einem

Stück" durchgehend, bis schließlich auch ein Stück des Hosenrohres umwickelt war. Denn genau in diesem Bereich würde sich später zum einen die Lenksäule, zum anderen die Ölwanne und das hitzeempfindliche Kupplungsseil befinden. Für das letzte Stück benötigte ich dann noch einmal stolze 350 Zentimeter Auspuffband.

In der Gesamtsumme kamen so nahezu unglaubliche 6,5 Meter Auspuffband zusammen. Wer hätte das gedacht?

"Schergen, macht die Karre klar! Ein herrlicher Tag zum Benzin zum Verbrauchen!"

(Zitat aus dem Film "Werner - gekotzt wird später")

Abgedecktes

Jetzt baute ich mir endlich, wie ja zuvor bereits geplant, einen Deckel für die Kraftstoffpumpeneinheit am Unterboden. Dieser Deckel befindet sich an der Endspitze hinten rechts genau unter dem Tank und schaut meiner Meinung nach absolut perfekt aus. So ist die Kraftstoffpumpe ultimativ vor Spritzwasser und eventuellem Steinschlag bestens geschützt.

Befestigt habe ich das ganze wie folgt: An der Außenkante (abgewinkelte Kante der Endspitze) wurden Muttern an das selbstgebaute Abdeckblech geschweißt, auf der Innenseite schweißte ich in gewohnter Manier Sechskantschrauben der Größe M6 am Unterboden an. Später lackierte ich dann das Abdeckblech in Kombintion mit überlackierbarem Steinschlagschutz in Wagenfarbe.

Das Allerbeste ist jedoch folgendes:

Diese Abdeckung ist von außen im montierten Zustand absolut unsichtbar!

"Der liebe Gott ist mit seinen Prüfungen für uns noch nicht am Ende?"

(Zitat aus dem Film "From Dusk till Dawn")

Heizung, die II.

Nun widmete ich meine Freizeit erneut dem meiner Meinung nach fast schon schwierigsten, weil nervigsten Teil des ganzen Umbaus:

Die Heizung.

Im Paragraph § 35 der Straßenverkehrzulassungsordnung (StVZO), Heizung und Lüftung, ist es wie folgt niedergeschrieben:

"Geschlossene Führerräume in Kraftfahrzeugen mit einer durch die Bauart bestimmten Höchstgeschwindigkeit von mehr als 25 km/h müssen ausreichend beheizt und belüftet werden können.

(Ende Gesetzestext)"

Die Aussage "ausreichend beheizt und belüftet" ist natürlich ein recht dehnbarer Begriff. Wichig ist hierzu vieleicht auch noch folgende Stelle im Gesetzestext, nämlich der Paragraph § 22a der Straßenverkehrzulassungsordnung (StVZO), Bauartgenehmigung für Fahrzeugteile. Dieser besagt nämlich folgendes:

"Die nachstehend aufgeführten Einrichtungen, gleichgültig ob sie an zulassungspflichtigen oder an zulassungsfreien Fahrzeugen verwendet werden, müssen in einer amtlich genehmigten Bauart ausgeführt sein:

1. Heizungen in Kraftfahrzeugen, ausgenommen elektrische Heizungen sowie Warmwasserheizungen, bei denen als Wärmequelle das Kühlwasser des Motors verwendet wird (§ 35c);

(Ende Gesetzestext)"

Dies bedeutet also nichts anderes, das eine Warmwasserheizung (welche wie gewohnt mit Motorwärme arbeiten würde) und rein elektrische Heizungen keine amtliche Genehmigung brauchen würden. Dies ist in der Tat wichtig zu wissen, da ich ja nun auf die Wasserheizung verzichten und statt dessen eine elektrische Heizquelle verbauen wollte.

Die theoretische Möglichkeit eine Standheizung zu verbauen fiel flach, da sie zu viel Platz beanspruchen würde und außerdem eingetragen werden müsste.

So zog ich mich also zurück, um in tagelangen Versuchen und Experimenten eine elektrische Heizung zu bauen. Sie sollte kompakt und effizient sein, außerdem mit der recht geringen Bordspannung von 12 Volt auskommen. Ich experimentierte unter anderem mit 12 Volt Haartrocknern, PC-Lüfter, extremen Heizwiderständen aus Keramik und vielem mehr.

Das Ergebnis konnte man, alles in allem, so zusammenfassen:

Es funktionierte einfach nichts wirklich zufriendenstellend.

Es war mir kaum möglich, mit der recht niedrigen Spannung ausreichend Wärme zu erzeugen, beziehungsweise diese ohne große Verluste zu transportieren.

So war ich tatsächlich für einen kurzen Moment der Verzweiflung ziemlich nahe.

Heimlich recherchierte ich nach so ziemlich allem was irgendwie zu einer Lösung führen könnte. Mir kam der Gedanke, dass ich unmöglich der erste Mensch sein konnte, der vor genau diesem Problem stehen würde. Es musste doch eigentlich zumindest einen Autohersteller geben, der eine elektrische Heizung in seinen Fahrzeugen serienmäßig verbauen würde.

Tatsächlich tat dies einmal ein Automobilhersteller!

Es war sogar ein deutscher Autohersteller, dies würde die Teilebeschaffung vermutlich ein wenig vereinfachen. Es waren die Bayrischen Motorenwerke, kurz BMW genannt. Allerdings scheinbar nur bei einem Modell. Zum Glück konnte es BMW wohl nicht verantworten, dass zahlungskräftige Autokäufer in Ihrem E30 Cabrio mit beschlagener Heckscheibe (aus Kunststoff) durch die Gegend fahren mussten. Um dem entgegenzuwirken, verbauten die Bayern nämlich heimlich, still und leise (ich besaß selber ein E30 Cabrio und wusste bis dato nichts von dieser Zusatzheizung) einen elektrischen Heizlüfter, mittig unter der Hutablage. Unter bestimmten Umständen (welche auch immer) wurde dieser Heizlüfter einfach hinzugeschaltet und verrichtete so unbemerkt seinen Dienst.

Dieses Teil diente also dazu, die Heckscheibenfolie vor dem Beschlagen zu bewahren. Das ist doch eigentlich genau das, was ich die ganze Zeit suchte! Sehr schnell ersteigerte ich mir einen solchen Lüfter als Gebrauchtteil für kleines Geld in einem Onlineauktionshaus. Als ich das begehrte Bauteil aus dem Karton riss, klemmte ich es direkt an eine Autobatterie. Das vor mir liegende Teil erzeugte zwar einen Luftstrom, allerdings verspürte ich keinerlei Heizwirkung. Vieleicht besaßen die Lüfter doch keine "Heizfunktion"? Oder war ausgerechnet mein vor mir liegender Lüfter defekt?

Voller Neugierde öffnete ich den Heizlüfter und mir fiel ein Stein vom Herzen: Er besaß tatsächlich eine Heizvorrichtung. Dort war aber tatsächlich ein elektrischer Kontakt korrodiert. Nachdem ich diesen reinigte, funktionierte der Heizlüfter wieder. Ich vermutete, die Korrosion kam durch Regenwasser zustande. Auch mir passierte es das eine oder andere Mal, dass ich mit geöffnetem Dach mit meinem E30 Cabrio in einen kurzen Regenschauer gelangte. Auch der zweite, später zugekaufte Heizlüfter besaß einen identischen Defekt.

Nun galt es, je einen Heizlüfter links und einen anderen rechts an den werksseitig vorhandenen Luftöffnungen vor der Windschutzscheibe zu platzieren. Um sie ein wenig zum Sichtfeld passend anzuwinkeln, musste ich allerdings ein kleines Stück an dem jeweiligen Heizlüftergehäuse

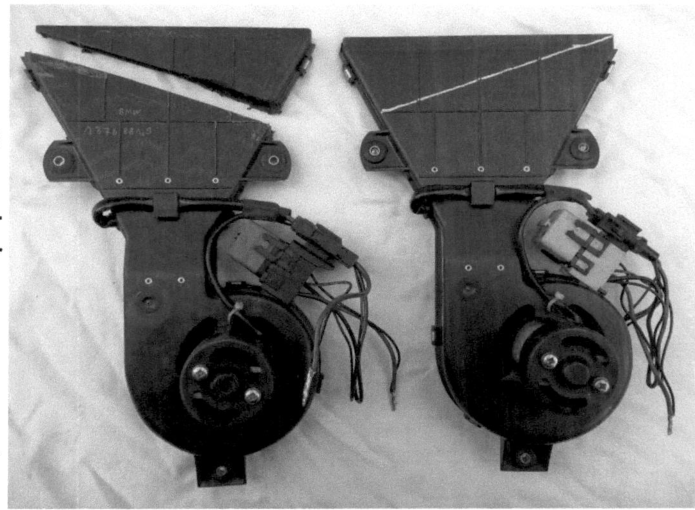

mit einem Winkelschleifer abschneiden. Die beiden Heizlüfter passten wunderbar ohne großartige Änderungen links unter dem originalen Scheibenwischergestänge, beziehungsweise rechts unter dem Armaturenbrett. Ich befestigte sie mittels kleinen, zylindrischen Abstandsbolzen, in

die ich ein Gewinde der Größe M6 hineinschnitt. Diese Abstandsbolzen schweißte ich dann an passender Stelle unter dem Armaturenbrett an der Spritzwand fest und befestigte im Anschluss daran die Heizlüfter mittels einfacher Sechskantschrauben. Da die BMW Heizlüfter bereits über ein integriertes Arbeitsstromrelais verfügten,

konnte ich den Arbeitsstrom direkt von der Batterie (natürlich nahe der Entnahmestelle mit einer fliegenden Sicherung der Dimension 30A versehen) im Motorraum abgreifen. Den Steuerstrom für die beiden Relais entnahm ich dem originalen Lüfterschalter, die für die Relais erforderliche

Masseverbindung stellte ich unter dem Armaturenbrett mittels einer einfachen Kabelleitung her.

Später im Praxisbetrieb war ich immer wieder aufs Neue überrascht, wie schnell die Scheiben, selbst unter den wiedrigsten Umständen, frei wurden (auch bei kaltem Motor). Selbst den Innenraum heizten sie ein wenig auf, natürlich nicht so stark, wie es die originale Wasserheizung täte. Sommerauto halt.

"Die drei größten Krisen im Leben eines Mannes: Frau weg, Job weg, Kratzer im Lack."

(Weisheit aus dem Internet)

Farbauftrag

Als nächstes musste ich erneut das ganze Auto zerlegen. Und wenn ich alles sage, meine ich wirklich alles, jede kleinste Schraube. Im Zuge des Zerlegens stellte ich dann noch schnell in windeseile die fehlende Bremsleitung für den Bremssattel vorne rechts her, diese sollte sich ja an der Spritzwand entlang zur anderen Seite schlängeln, unsichtbar über die Getriebeglocke hinweg. Das ging natürlich am besten, wenn der Motor ausgebaut war.

Mit einem Lächeln auf den Lippen säuberte und grundierte ich den Unterboden, den Kofferraum, den Innenraum, den Motorraum, den Wartungsdeckel für den Getriebetunnel und die Kraftstoffpumpenabdeckung. Wo es erforderlich war, versah ich das Blech außerdem mit überlackierbarem Steinschlagschutz. Hier und da musste ich ein wenig füllern, schleifen und letztenendes alles so gut es eben ging mit

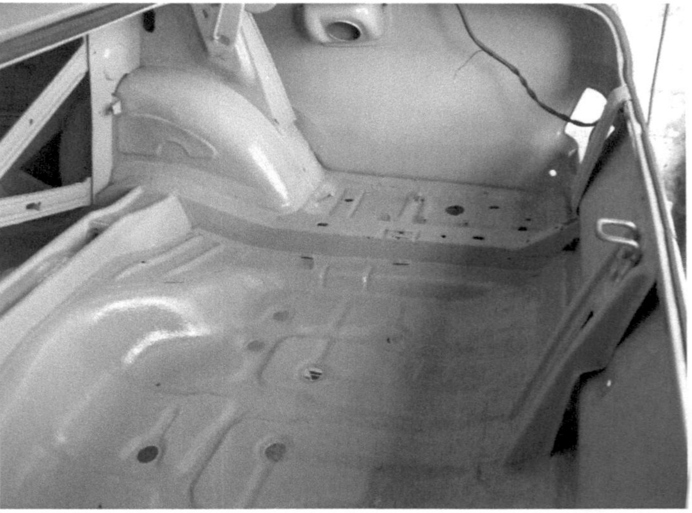

Zweikomponentenlack "Granitgrau" von Opel aus dem Jahre 1972

"überduschen". Der im Zuge bei der vorherigen Restauration erneuerte Innenraumhimmel, die komplette Verglasung und vieles mehr wurde natürlich vorher sorgfältig abgeklebt und somit so gut es ging vor Farbnebel geschützt. Ich besaß nämlich, ehrlich gesagt, echt keine Lust darauf, den Dachhimmel und die Scheiben aus- und später wieder einzubauen.

So gut es eben also gehen würde, sollte das Auto möglichst original ausschauen, so lustig das auch klingen mag im Rahmen eines solchen Umbaus. Nach dem Trocknen erkannte ich jedoch sehr schnell erneut, dass ich in keinster Weise auch nur ansatzweise lackieren konnte. An der Ladentür eines lokalen Frisörsalons hing ein Schild an der Eingangstür mit folgender, passender Anekdote: "Was Frisöre kön-

nen, können nur Frisöre". Scheint auch irgendwie auf den Lackierberuf zuzutreffen. Nun, für mich persönlich reichte die Lackierung jedenfalls. Wichtig war mir, dass ich es alleine realisieren konnte. Ich wollte möglichst nichs in Fremdarbeit vergeben.

Ausserdem musste das kranke Hobby ja irgendwie finanzierbar bleiben. Ich wollte ich es hier und da ordentlich qualmen lassen. Ich überlasse es gerne anderen, die Karre in der Garage versauern zu lassen um dort am perfekten Lack lecken zu können.

"Ich hab meinen Drehzahlbegrenzer ausgeleiert"

(Weisheit aus dem Internet)

Schlussphase

Die Vorderachse, das Lenkgetriebe und die Bremsleitung vorne rechts waren als erstes recht schnell wieder montiert.

Den Zahnriemen samt Spannrolle eneuerte ich ja bereits vor kurzem. Die erforderliche Zahnriemenspannung wurde lustigerweise durch eine nachträglich eingesetzte Feder (Opel-Teile-Nr.: GM 90299888) sichergestellt, welche an der noch nicht festgezogenen Spannrolle angebracht wird. Nachdem die besagte Feder montiert wurde, musste die Spannrolle nach ein paar Motorumdrehungen angezogen werden. Die Feder musste im Anschluss unbedingt wieder entfernt werden. In der Anfangs-Bauzeit der C20XE-Motoren soll diese Feder angeblich ab Werk im Motor verblieben sein. Diese

Feder soll wohl in Einzelfällen abgesprungen sein und so während des Betriebes im Zahnriementrieb für ein kräftiges "Durcheinander" (sprich einem kapitalen Motorschaden) gesorgt haben. Da ich dies auf keinen Fall wollte, baute ich also diese Feder brav wieder aus, tütete sie sauber ein und legte sie zurück in die Werkzeugkiste.

Den Motor hängte ich vorsichtig an einem klappbarem Motorkran aus China ein und montierte so den Auslasskrümmer. Ich montierte ebenfalls die Lenksäule, die komplette Pedalerie, das Kühlwasserrohr für den Kühleranschluss unten rechts mit dem dazugehörigen Schlauch, den Halter des Generators, den Generator selber und zum Schluss noch den Luftfilterkasten.

Am Unterboden montierte ich die komplette Kraftstoffpumpeneinheit und das "Getrag 240"-Fünfganggetriebe. Dies war unter dem Auto auf dem Rollbrett wie Bankdrücken im Fitnesscenter.

Schnell montierte ich noch die Hinterachse mit kompletter Trommelbremse, bevor ich die Stoßstangen und Lampen verbaute.

Im Innenraum warteten auf mich bereits die Tür- und Seitenverkleidungen, die Rückbank und die Hutablage.

Zum Thema "Teppich" nahm ich als "Testmaterial" erst einmal nur vom Feinsten: Billigware aus dem Baumarkt.

Für lachhafte 2,- € pro Quadratmeter. Ich verlegte diesen in zwei Teilen, wie dem Original entsprechend. Es sieht zwar streng genommen furchtbar aus, aber es ist wirklich nur ein Provisorium. Es gefiel mir trotzdem besser als die im freien Handel erhältlichen "Puzzleteppiche" zum einkleben. Wenn man sich damit ein wenig mehr beschäftigen würde, könnte man damit sicher ein durchaus ansprechendes Ergebnis erzielen. Zumindest wird der jetzt verlegte Teppich später einmal ein klasse Muster für einen Neuversuch abgeben. Ach so, wo ich noch im Innenraum war, montierte ich auch noch gleich den Überrollbügel von Heigo.

Laut meiner Berechnung würde zu meiner verwendeten Getriebe-,

Differential- und Reifenkombination ein Tacho mit der teuflisch anmutenden Wegstreckenzahl "666" passen. Dazu musste ich meinen Berechnungen zufolge ein blaues Kunststoffzahnrad (mit 20 Zähnen) in den Tachoantrieb des "Getrag"-Schaltgetriebes verbauen. Den originalen "180 km/h"-Tacho modifzierte ich dank vorher eingescannter Tachoscheibe. Diese hatte ich am PC mit einem steinalten Malprogramm per Hand in Originaloptik bis "220 km/h" erweitert. Ich ließ testweise eine Klebefolie in einem lokalem Büromarkt (Staples) auf "weiß-

matter" Klebefolie drucken. Die erforderlichen fünf kleinen "Fensterchen" für den Kilometerzähler schnitt ich mit einem Teppichmesser aus, außerdem stanzte ich noch mit einem passenden Locheisen die beiden erforderlichen Löcher für die Befestigungsschrauben der

Tachoscheibe aus und versah die Folie zusätzlich um ein weiteres Löchlein für die Anschlagnadel des Tachozeigers. Die Folie schnitt ich dann (zwecks einfacherem Aufklebens) mittig durch, damit ich die Tachonadel nicht abziehen musste. Entgegen allen Erwartungen fand ich, dass das Ergebnis recht professionell ausschaute und erkläre hiermit das Experiment nach mehr als vier Jahren im Dauertest als geglückt.

Zwischenzeitlich befürchtete ich nämlich, dass sich die Folie aufgrund von Sonneneinstrahlung oder ähnlichem wieder irgendwann von alleine ablösen würde.

Nachdem ich das Armaturenbrett komplettierte, musste ich mich noch spontan auf die Suche nach einem "Kupferwurm" begeben, denn irgendwie verursachte das bloße Einschalten der Innenraumlüftung absolutes Chaos.

Zum Glück passten die Panikgriffe und die Innenraumbeleuchtung wie gehabt, trotz des montierten Überrollbügels. Nun hieß es, die Bremsleitungen zu verlegen, den Bremskraftverstärker mit Verlängerung und den Hauptbremszylinder mit Bremsflüssigkeitsbehälter zu montieren, um im Anschluss die komplette Bremsanlage entlüften zu können. Leider klappte dies nicht auf Anhieb, deshalb erneuerte ich vorschnell den alten Hauptbremszylinder (Opel Teile-Nr.: 558103; Kolbendurchmesser 20,64 Millimeter).

Heute weiß ich allerdings, das eine vergessene Feder am Bremspedal für dieses Problem verantwortlich war. So verschloss also das nicht ganz zurückgezogene Bremspedal die Nachlaufbohrung im Hauptbremszylinder und machte somit ein Entlüften der Bremsanlage nahezu unmöglich, da ja keine "frische" Bremsflüssigkeit in ausreichender Menge nachlaufen konnte.

Die Motorhaube montierte ich komplett mit den bereits erwähnten Haubenliften, außerdem konnte ich endlich das Getriebe und die Hinterachse mit frischem Öl befüllen.

Nachdem ich das Feststellbremsseil und die Kraftstoffleitungen für den Vor- und Rücklauf mitsamt Kraftstofffilter montierte, konnte ich endlich im Anschluss die Kardanwelle verbauen.

Um später möglichst ohne große Zwischenfälle die Achsvermessung durchführen zu können, stellte ich die Vorderachse provisorisch ein:

Zum einen kontrollierte ich a) den Nachlauf (mittels Distanzscheiben am oberen Dreieckslenker: Die 3 Millimeter Scheibe nach vorne, die 9 Millimeter Scheibe nach hinten); b) die Spur (an beiden Spurstangen, die sichtbare Gewindelänge links und rechts gleichmäßig verteilt, Lenkmittelstellung: Das heißt nach beiden

Seiten gleich viel Lenkeinschlag möglich) und c) den Achsversatz, zum Beispiel mittels Maßband von Mitte Vorderradnabe zu Mitte Hinterradnabe.

Vor der Montage der Auspuffanlage beschichtete ich diese mit hochtemperaturfestem Aluspray. Heute weiß ich: Absoluter Müll, kann man vergessen, hält in keinster Weise. Heute weiß ich, was 100% funktioniert: Anschleifen, mit Silikonentferner säubern, hochtemperaturfeste Ofenfarbe aus dem Baumarkt, fertig.

Als Räderwerk plante ich ja ursprünglich dreiteilige Schmidt TH-Line in 8x14 ET5 mit rundrum 195/45 R14. Leider musste ich dieses Vorhaben wieder verwerfen, denn ich kam mit diesen kleinen Sofarollen erst garnicht aus der Garage. Dies verdankte ich einer Bodenfreiheit von lediglich 45 (ja, richtig gelesen: Fünfundvierzig!) Millimeter gemessen zwischen dem Katalysator und dem Werkstattboden. Vorteil: So musste ich mir wenigstens nicht ständig die Finger brechen beim Felgenputzen, denn ich verkaufte sie einfach wieder.

Völlig ernüchtert vollzog ich einige Experimente, ich maß unter anderem grob die maximal mögliche Felgenbreite und Einpresstiefe und kaufte einen optisch passenden Felgensatz in diesen Abmessungen. Nach dem Aufziehen von passenden Reifen aus meinem Fundus stellte ich folgendes relativ schnell fest: Es passte einfach nicht. Ständig schliff der Reifen irgenwo im Radhaus. Nachdem ich den Schraubenschlüssel entnervt in die Ecke warf, schenkte der Herr mir die rettende Idee:

In meiner Werkstatt lagen doch noch Mangels Chromstahlfelgen der Dimension 7x15 ET35 mit Reifen in 195/50 R15. In Kombination mit hastig beigesteckten 5 Millimeter starken Spurplatten rundrum sah es dann mit der Bodenfreiheit auf den ersten Blick ein wenig besser aus. Auch wenn diese Räder eigentlich nie für dieses Auto gedacht waren, zwischen Katalysator und Werkstattboden maß ich nun fast brauchbare 75 Millimeter Bodenfreiheit!

Allerdings musste ich für diese Rad-/Reifenkombination die Bremsschlauchhalter vorne ein wenig ändern, da diese Radkombination die Radhäuser wirklich bis auf den letzten Millimeter ausfüllten und dort ansonsten hemmungslos auf Tuchfühlung gehen würden.

Stuntman Mike: "Also Pam, wo soll´s denn hingehen? Links oder rechts?"
Pam: "Nach rechts!"
Stuntman Mike: "Oh! Wie schade!"
Pam: "Warum?"
Stuntman Mike: "Es war ´ne 50:50 Chance, ob Du nach links oder rechts willst. Nur weißt Du, wir beide fahren nach links. Hätt ja sein können das Du ebenfalls nach links willst, dann hätte es sicherlich noch eine Weile gedauert bis Du es mit der Angst kriegst. Da Du aber in die andere Richtung wolltest, gehe ich mal davon aus, Du bekommst noch viel schneller Angst als ich eigentlich dachte. Nämlich jetzt."

(Zitat aus dem Film "Death Proof".)

Probefahrt

Endlich die erste Probefahrt! Ich war nervös wie ein kleines Schulmädchen vor der ersten Klassenfahrt. Ich schraubte, nachdem ich den provisorischen Fahrzeugschein mit einem Kugelschreiber ausfüllte, das Kurzzeitkennzeichen (bekommt man heutzutage nur noch, wenn das Fahrzeug noch gültigen TÜV besitzt... *#&%+§!?!) an das Auto. Das Kennzeichen war gültig vom 13. bis zum 17. September 2012. Nachdem ich die Auffahrt hinauf zur Straße mit Kanthölzer und zahlreichen Brettern schmückte, um nicht oben an der Kuppel und dem Bürgersteig wie eine Pottwal zu stranden, erreichte ich irgendwann tatsächlich die öffentliche Straße. Ich konnte es kaum glauben. Nach kürzester Zeit standen schon ein oder zwei Rentner aus dem benachbarten Altersheim neben der Limo und rieben sich die Augen. Aber das schier Unglaubliche war folgendes: Das Auto fuhr tatsächlich!!! Mein "selbstgebautes" Auto fuhr tatsächlich nach einer biblisch anmutenden Umbauzeit von sieben

Jahren!!!

Okay, ich kam nur ungefähr 50, vieleicht sogar 100 Meter weit. Ich vernahm während der Fahrt äußerst starke, raddrehzahlabhängige, metallische Schleifgeräusche im Bereich der Hinterachse. Ich fuhr zwar wieder im Schneckentempo Richtung Schrauberhöhle, mit eingeschalteter Warnblinkanlage, aber dies voller Stolz mit erhobenen Haupt.

Ich vermutete bereits, dass die nachträglich "verstärkte", im Durchmesser dicker gewordene Deichselwelle der Hinterachsverlängerung Schuld sein könnte. Also bockte ich die Kiste hinten wieder mühselig auf Rollbrettniveau, so dass ich die Hinterachsverlängerung bei (glücklicherweise) eingebauter Hinterachse demontieren konnte. Ich versah den Stahlhals wieder mit einer Serienwelle und schraubte alles fix wieder zusammen.

Die nächste Probefahrt war deutlich länger, aber auch nicht allzu ausgiebig. Ich musste ja noch zur Achsvermessung, schließlich war die Vorderachse von mir lediglich mit einem Zollstock eingestellt worden!

Nach geglückter Achsvermessung machte ich mich auf den Weg zur Abgasuntersuchung. Schließlich wollte ich sicher sein, das der Regelkreis mit dem ganzen modernen Geraffel absolut in Ordnung sein würde. Die Werkstatt meines Vertrauens war zwar von meinem Auto sehr angetan, wollte aber nicht die Abgasuntersuchung durchführen! Schliesslich sei der Motor ja noch nicht eingetragen! Nach langer Diskusion und minutenlangem guten Zureden führte dann der Chef persönlich zähneknirschend die Abgasuntersuchung durch. Schmollend wie ein kleines Kind vertippte er sich dann mehrfach (ja, es war sicher ein "Versehen"...) bei der eigentlich recht anspruchslosen, weil lediglich 9-Stelligen Fahrgestellnummer.

Welchem genauen Zweck diese Zirkusnummer diente, habe ich bis heute nicht verstanden, glücklicherweise hat dies später weder der TÜV, noch die Zulassungsstelle bemerkt.

Aber jetzt sollte es richtig zur Sache gehen: Die erste, echte Probefahrt! Aus lauter Angst liegenzubleiben, bewegte ich mich erst einmal im Umkreis von Wuppertal. Und das über eine Strecke von satten 150 Kilometern an einem Nachmittag! Ich war sowas von stolz, aufgeregt und superglücklich zugleich. Ich muss gestehen, am Anfang entfernte ich mich immer nur in Richtung "bergauf" von meiner Schrauberhöhle, um so im Falle eines Falles ohne fremde Hilfe "zurückrollen" zu können. Aber irgendwann verschlug es mich dann doch auf die Autobahn, die Drosselklappe wollte einfach mal richtig geöffnet werden und irgendwie brauchte auch der Rest mal ein wenig Auslauf. Schließlich wollte der Volllastschalter auch mal mitspielen!

Während der Fahrt hatte ich immer einen Notizblock und Stift zur zittrigen Hand um so relativ schnell eine komplette DIN A4 Seite mit irgendwelchen Mängeln vollzukritzeln, aber eigentlich alles ohne direkten Handlungsbedarf während der Fahrt, meist klapperte halt irgendetwas.

Zum Beispiel klapperte die Stoßstange hinten links an der Karosserie, dann musste ich das Gasgestänge ein wenig modifizieren, da sich die Drosselklappe scheinbar nicht zu 100% öffnen ließ. Auch der Leerlaufschalter wurde nicht ordnungsgemäß betätigt. Später stellte ich dann fest, dass immer ein bisschen Öl an der Motorölwanne heruntertropfte, dort war vermutlich die Ölablassschraube undicht. Ich versah dann später die Ölablassschraube mit einem Aludichtring statt eines Kupferdichtringes und benutzte beim anschliessenden Einschrauben Teflonband. Aber richtig dicht geworden ist es trotzdem nicht. Keine Ahnung was das soll. Schaue ich später mal nach, sind ja nur ein paar Tropfen im Quartal. Der Kühlergrill klapperte ebenfalls, also versah ich die untere, an der Karosserie aufliegende Strebe des Kühlergrills mit Textilgewebeband und verpasste dem mittleren Steckbolzen zusätzlich einen Gummipuffer. In der Innenraumleuchte und in einer der drei (!) Kennzeichenleuchten war außerdem eine Glühlampe defekt. Diese ersetzte ich dann auch umgehend.

Nach einer langen, absolut motivierenden, spaßbereitenden, ziellosen und trotzdem total ergiebigen Umherfahrerei zog ich anschließend alle Schrauben am Fahrwerk nach. Und wenn ich alle sage, dann meine ich auch wirklich alle.

Ein wenig ärgerlich war, das nun an der Hinterachse das in der Achsverlängerung eingebaute Gummi am Kardanwellenflansch defekt war. Ich wechselte dieses Teil doch vor kurzem zusammen mit der serienmäßigen Deichselwelle. Fälschlicherweise übernahm ich das dort aufgesteckte, ältere Gummi. Soll ich das Teil jetzt wieder ausbauen um das Gummi zu erneuern, oder sollte ich es so zum TÜV wagen? Ich dachte, das ich beim TÜV vermutlich ohnehin genügend Probleme haben würde, da müsste ich mir nicht noch welche selber machen. Also erneuerte ich das Gummi zähneknirschend.

Später befestigte ich dann noch die Lenkmanschetten, diese ließ ich ja unbefestigt, da sie ansonsten während der Achsvermessung durch das Verdrehen der Spurstangen unnötig verdreht und beschädigt hätten werden können.

Als krönenden Abschluss stellte ich dann noch die Motorhaube ein wenig besser ein.

"Ich kann Ihnen nichts vormachen, was Ihre Chancen angeht. Aber: Sie haben mein Mitgefühl"

(Zitat aus dem Film "Alien")

TÜV

Um eines vorwegzunehmen: Die TÜV-Eintragung war das nervenaufreibenste Kapitel von allen. Bevor ich jedoch zu dem eigentlichen Besuch beim TÜV komme, würde ich gerne, der Unterhaltung wegen, etwas weiter ausholen wollen:

Auch wenn es mir äußerst selten passiert, passiert es halt ab und an mal:

Man kommt in den Genuss unerwünschter Telefonanrufe.

Erhalte ich einen solchen Anruf, man möge mir verzeihen, drücke ich derartige Gesprächsversuche der Einfachheit halber einfach "weg". Mein Beinahe-"Gesprächspartner" würde dann vermutlich von einer netten, weiblichen Roboterstimme dank meines Netzanbieters (vermutlich auf Englisch) spannendes zu hören bekommen. Zum Beispiel das ich im Moment keinen Bock auf telefonieren haben würde, nur in "nett" halt. Da ich ja ursprünglich aus dem Vorwahlbereich "02*" komme und ein damaliger, angehende Hobby-Stalker aus dem Vorwahlbereich "06*" kam, konnte ich ihn somit einfach identifizieren. Und "wegdrücken".

(So wie vor kurzem, als ein junger Mann aus Teneriffa vergeblich versuchte, mich bezüglich einer von mir umgebauten Vorderachse unzählige Male mit spanischer Ländervorwahl zu erreichen. Da ich aus dem Ausland keine Anrufe entgegennehme, ist es ihm dann doch über einen Mittelsmann aus Deutschland gelungen, dieses scheinbar begehrte Teil zu ergattern. Das nenne ich Ideenreich!)

Szenenwechsel.

Nach diversen, zaghaften Versuchen, über verschiedene "Kontakte" an einem Termin mit einem fähigen und motivierten TÜV-Prüfer zu gelangen, entschied ich mich aus dem Bauch heraus für die Firma "Knoop Motorsport" in Mühlheim an der Mosel. Ich fühlte mich dort, bedingt durch meinen ersten Eindruck, gut aufgehoben und vereinbarte dort bereits bei meinem ersten Anruf einen festen Termin. Bis zu dem besagten Termin besaß ich noch etwa vier Wochen Zeit, also genügend Freiraum um so die letzten anstehenden "Kleinigkeiten" aus der Welt zu schaffen.

Zwischendurch telefonierte ich mehrmals mit "Knoop Motorsport", zwecks Klärung von verschiedenen technischen Details, um so gezielt eventuell später auftretenden Missverständnissen im Vorfeld aus dem Wege zu gehen. Der vereinbarte Termin (Dienstag, der 9. Oktober 2012) rückte, wie sollte es anders sein, näher und näher. Neben allen Gedanken, die mich während dieser Zeit heimsuchten, war mein sehnlichster Wunsch folgender: Bitte, bitte, bitte nur KEINEN Regen. Schließlich musste ich ja eine Gesamtstrecke von locker 400 Kilometern zurückzulegen. Und das in einem nahezu vierzig Jahre altem Auto, mit der beinahe dreifachen Leistung, geringem Gewicht und Heckantrieb, lausigen Reifen, einer kaum zu gebrauchenden Scheibenwischanlage, und, und, und...

Szenenwechsel.

Es war Montag, der 8. Oktober 2012. Also genau einen Tag vor dem besagten Termin. Das Telefon klingelte. Ein Blick auf das farblose Display meines Nokia 6210 offenbarte mir die Telefonnummer des eingehenden Anrufes. Die Vorwahl begann mit den Eingangs erwähnten Ziffern "06*". Instinktiv drückte ich dieses Gespräch mit einem gezielten Tastendruck in die ewigen Jagdgründe. Kurze Zeit später ein erneuter Versuch. Diesen und auch alle nachfolgenden Gesprächsversuche wurden so von mir im Keim erstickt.

Komisch, so penetrant war der Freizeit-Stalker noch nie.

Egal.

Szenenwechsel.

Nach einer etwa zweistündigen Fahrt, von der ich trotz unsagbarer Aufregung wirklich jede Minute genoss, bin ich tatsächlich am besagten Dienstag in Mühlheim an der Mosel angekommen. Da die Batterien meines Navigationsgerätes mittlerweile annähernd erschöpft waren, bin ich, ohne es zu merken, an meinem Ziel vorbeigefahren. Schließlich spart mein "Garmin Streetpilot i3" ab einem gewissen Erschöpfungsgrad auf folgendem Wege wertvolle Batterienergie: Es spricht nicht mehr.

Hut ab, davon könnte sich manche Frau... Naja, egal.

Aber eigentlich war es garnicht mal so schlimm, schließlich war es gerade einmal 11.30 Uhr, den Termin hatte ich um 13.00 Uhr. Also war noch genug Zeit vorhanden, irgendwo gemütlich ein Mittagessen zu mir nehmen zu können. Der Einfachheit halber wurde es dann eine "örtliche" Pommesbude, die Auswahl war ohnehin äußerst begrenzt. Dort vollzog ich dank meiner vollen Geschäftsfähigkeit folgendes gültiges Rechtsgeschäft: Tausche Geld gegen Essen. Im Rahmen der Wartezeit konnte ich nun endlich auch ein Lebenszeichen nach Hause schicken, in Form einer "SMS". Danach schlenderte ich aus lauter Verzweiflung noch ein wenig in der

"Stadt" herum und machte mich dann irgendwann voller Ungeduld frühzeitig auf dem Weg zurück zur Werkstatt. An dieser war ich ja, wie bereits zuvor erwähnt, aus Versehen "vorbeigeflogen".

Um 12.30 Uhr kam ich schliesslich auf den Werkstatthof und stellte dort mein Wunderwerk der Technik ab. Da es scheinbar kein Büro im eigentlichen Sinne gab, begab ich mich direkt zur Werkstatt, dort war in geradezu einladender Weise ein Rolltor geöffnet. In der Werkstatthalle traf ich einen jungen Mann in Arbeitskleidung. Ich sprach ihn einfach an und erfuhr so, dass er selber gerade seinen ersten Arbeitstag hatte. Herzlichen Glückwunsch dachte ich mir. Allerdings erinnerte ich mich dunkel, so stand es wohl auf der Internetseite, dass im Zeitraum von 12.00 bis 13.00 Uhr Mittagspause sein würde.

Egal, das bisschen warten würde ich auch noch gerade so hinbekommen, schliesslich geht es ja um was. Nach kurzem Umherwandern auf dem äußerst interessanten Gelände lief mir irgendwann ein Mann mittleren Alters mitten auf dem Werkstatthof über den Weg. Er musterte erst mich, dann mein Auto. Höchstwahrscheinlich meine Herkunft, zweifelsfrei erkennbar an meinem Kennzeichen, veranlasste ihn dann vermutlich dazu, mich anzusprechen. Er erklärte mir freundlich, das er gestern mehrfach vergeblich den Versuch tätigte, mich anzurufen.

Das konnte doch einfach nicht wahr sein.

Ich war irgendwie total geschockt.

Ich hatte dann also tatsächlich *IHN* am gestrigen Tage pausenlos weggedrückt.

Puh!

Okay.

Aber Moment mal... aus welchem Grund hätte er mich denn überhaupt anrufen wollen?! Einen geschlagenen Tag vor dem eigentlichen Termin?! Den hatten wir ja bereits vor vier Wochen ausgemacht. Mir schwante auf jeden Fall nichts Gutes, soviel stand fest. Doch bevor mich weitere Gedanken geißeln konnten, kam er dann von selbst endlich auf den Punkt:

Die Eintragung könne nicht vorgenommen werden!

Ich dachte, ich träume.

Geht nicht? Das gibt es doch garnicht! Ich hätte kreischen können vor Glück. Warum denn bitte schön nicht?!? Als Antwort auf diese Frage bekam ich freundlich, aber bestimmt, folgendes: In meinem Falle wäre die Betriebssicherheit des Fahrzeuges nicht mehr gewährleistet.

Die bitte was?!

Betriebssicherheit?!? Ich absolvierte einschließlich der Fahrt nach Mühlheim sozusagen eine Probefahrt von insgesamt mittlerweile über 1000 (in Worten: Eintausend!) Kilometern mit diesem "Fahrzeug". Und das ohne irgendwelche ernstzunehmenden Zwischenfälle. Das Auto fuhr sich derart sicher, es hätte gefühlt tatsächlich serienmäßig so ausgeliefert werden können. Und nun soll es bitte schön nicht betriebssicher sein? Wer sagt denn so etwas?!? Nach kurzem Infoaustausch kam dann doch noch ein wenig Licht ins Dunkel:

Wie wohl im April 2012 öffentlich angekündigt, wurden die Regeln ab dem 1. Juli 2012 ein wenig strenger bezüglich der Eintragung leistungsstärkerer Motoren. Demnach würde ein Fahrzeug grundsätzlich nur solche Motoren eingetragen bekommen, welche maximal 40% über die ab Werk lieferbare Höchstleistung erhältlich war.

Das war ja echt ein Ding.

Auch ein Telefonanruf beim hiesigen TÜV an der Mosel änderte nichts daran. Den stärksten Opel Kadett B, den es nun einmal gab, war der allseits bekannte, große "Rallye"-Kadett mit 1.9 Litern Hubraum ("Rüsselsheimer Eisenhaufen") und 90 PS. Dieses Fahrzeug wurde damals übrigens, dank der "hohen" Motorleistung und dem schwarzen Himmel im Innenraum, als "schwarzer Sarg" verschrien.

Egal.

Spontan entschied ich mich erst einmal dazu, Widerspruch einzulegen. Einfach so, instinktiv. Was ich mir dabei dachte? Das würde ich auch mal gerne wissen. Vermutlich wollte ich mir so auf diesem Wege ein zusätzliches Zeitpolster von ca. fünf Sekunden verschaffen, um dann doch zwangsläufig mit den unausweichlich nicht zu änderden Fakten konfrontiert zu werden. Könnte ich doch nur die äußerst knapp bemessene Zeit nutzen, mir ausnahmsweise mal etwas sinnvolles einfallen zu lassen...

Der kleine "Wickie" aus der gleichnamigen Zeichentrickserie würde sich jetzt die Nase mit dem Zeigefinger reiben und eine Spitzenidee bekommen.

Und doch - man glaubt es eigentlich kaum, fiel mir etwas richtig sinnvolles ein! Und das ohne mir an der Nase zu reiben! Mir kam nämlich folgender Gedanke:

Ich behauptete einfach, das es einen noch stärkeren Opel Kadett B als den "Rallye"-Kadett von der Adam Opel AG gab!

Diese Aussage war trotz meines recht selbstsicheren Auftretens recht starker Tobak! Nun stand ich aber erst einmal in der Beweispflicht. Ich erinnerte mich dunkel an ein vor etwas längerer Zeit in einer Oldtimer-Zeitschrift vorgestelltes, "originales" Sondermodell. Und zwar handelte es sich in diesem Fall um einen "Rallye"-Kadett mit dem 1,9 Liter "HL"-Motor des Opel Rekord C Sprint. Dieser wurde damals mit einer Leistung von 106 PS angegeben. Dieser Einfall war schlicht und ergreifend der absolute Hammer! Dies zog eine unendlich lang scheinende Wartezeit aufgrund von mehreren, zwischenzeitlich getätigten Anrufen zwecks Rücksprache mit dem TÜV nach sich. Es fühlte sich so an, als wären meine Nerven bis kurz vor dem Zerfetzen gespannt. Ich machte mir echt schon ernsthaft Gedanken, wie ich das Auto am besten verkaufen würde. Komplett oder besser doch in Teilen? Zwischenzeitlich versuchte ich sogar, aus lauter Verweiflung, einen alternativen TÜV-Termin in Krefeld telefonisch zu organisieren. Ich war irgendwie komplett fertig.

Als der Werkstattchef sein Telefon schliesslich wieder in die Hosentasche steckte, kam er zu mir mit den folgenden, ja fast schon positiv zu wertenden Worten: "Wir fahren einfach mal hin und packen das Ding auf die Bremse".

"Naja" dachte ich mir, das ist ja schon mal ein kleiner Erfolg. Und falls es dann doch nicht klappen sollte mit der Motoreintragung, dann würde ich wenigstens wissen, ob die Bremswerte brauchbar sind. Bei uns in Wuppertal gab es ja schliesslich kaum Bremsprüfstände, da lohnt sich auch schon mal eine Reise über eine Gesamtfahrstrecke von ungefähr 400 Kilometer für eine einzige Bremsenprüfung auf einem Rollenprüfstand.

Also fuhren wir gemeinsam in meinem Kadett zum TÜV. Der Werkstattchef saß grinsend auf dem Beifahrersitz. Nach einer Fahrt von etwa fünf Minuten kamen wir bei einem Prüfstützpunkt des TÜV an. Der dort anwesende TÜV-Prüfer wirkte irgendwie ein wenig "angepinkelt". Ich hörte aus sicherer Distanz Wortfetzen wie "das mache ich nicht mehr zwischen Tür und Angel" und noch einiges mehr. Weiter herunterziehen konnte mich das ohnehin nicht mehr, ich war ja schon mental komplett fertig. Vom Gefühl her ging ich auf dem Zahnfleisch und zuckte vermutlich bereits schon unkontrolliert mit einem Auge. Oder mit beiden.

Irgendwann, mir war sowieso schon fast alles egal, durfte ich schließlich auf den Rollenprüfstand fahren, um dort die Bremse zu prüfen. Erst die Betriebsbremse vorne mehrfach, dann die Bremse hinten und schließlich die Feststellbremse. Die dort ermittelten Bremswerte waren zwar vermutlich nicht unbedingt bilderbuchtauglich, aber schienen dann doch letztenendes dank mehrerer Versuche in Ordnung gewesen zu sein. Dann fuhr ich wieder aus der Prüfhalle heraus und stellte die Limo draußen auf dem Parkplatz vor den Hallentoren der Prüfstation ab. Während ich dort neben dem Auto stehend wartete, kam zwischenzeitlich irgendwann ein anderer TÜV-Prüfer und wollte den Motorraum und die Fahrgestellnummer sehen. Kein Problem, war ja alles kein Geheimnis. Dann den alten Fahrzeugschein. Auch kein Problem, dafür brachte ich ihn ja schließlich mit. Mit dem Gefühl, sowieso nichts mehr verlieren zu können, watschelte ich einfach mal aus Langeweile frech mit in das Büro. Ich bekam so mit, das dort wohl schon seit längerer Zeit so ziemlich jeder Mann und jede Maus auf der Suche war nach irgendwelchen technischen Daten. Und zwar jene des von mir erwähnten Opel Kadett B mit 1.9l "HL"-Motor und den sagenumwobenen 106 PS!

Doch diese Variante des Opel Kadett B war scheinbar in keiner aktuellen Datenbank zu finden! Hätte mich auch ehrlich gesagt ein wenig gewundert, schliesslich werden derart alte Fahrzeuge in den aktuellen Systemen nach und nach nicht mehr erfasst. Da auf diesem Wege nichts zu finden war, suchten nun auf einmal alle Anwesenden die alten Unterlagen von damals, wohl noch in Papierform. Nach einiger Zeit wurde klar, dass diese Unterlagen im Rahmen einer Aufräumaktion aus dem Büro verbannt wurden. Aus Platzmangel vermutlich. Aber wohin? Angeblich wurden sie in einem der zahlreich vorhandenen Metallschränken in der Prüfhalle eingelagert. Aber auch dort waren sie trotz intensiver Suche nicht aufzufinden. Wir einigten uns auf folgendes: Sie wurden höchstwahrscheinlich vor geraumer Zeit einfach lieblos entsorgt!

Aber vieleicht findet man die gesuchten Daten in der Fahrzeug-Datenbank des vorhandenen, modernen Abgastesters!

Nein, auch dort waren sie nicht zu finden.

Irgendwann besaß der Werkstattchef die glorreiche Idee, mal im Internet danach zu suchen. Auch mir kam diese Idee bereits im Vorfeld still und heimlich, traute mich jedoch während der Suchaktion nicht diesen Vorschlag zu unterbreiten. "Aber wo denn da?" war die Gegenfrage des TÜV-Prüfers. "Na, am besten mit Google natürlich!", sagte ich. Also, gesagt, getan: Nichts wie ab ins Büro. Ich gab federführend den Suchbegriff vor. "Opel Kadett B 1.9" sagte ich. Nach dem Druck der "Entertaste" erschienen natürlich unbeschreiblich viele Treffer. Ich besaß keine Ahnung, wo man auf Anhieb "zuverlässig" dreinschauende Infos dazu finden könnte, schließlich war ich ja auf eine solche Problematik überhaupt nicht vorbereitet. Warum auch? Irgendwie dachte ich mir, das es jetzt echt richtig wichtig wäre, direkt beim ersten Versuch einen hammermäßigen, total überzeugenden Treffer zu landen, damit jegliche Zweifel sofort verschwinden würden. Also bat ich ganz cool darum, den ersten Treffer mit einem Link zu "Wikipedia" auszuprobieren.

"Lass es doch bitte dort stehen!" dachte ich mir insgeheim.

Strenge, prüfende Blicke der komplett vor dem Monitor versammelten Runde entging nicht, das dort in einer Tabelle alle Varianten der von der Adam Opel AG ausgelieferten Motorvarianten des Opel Kadett B aufgeführt wurden.

Glücklicherweise auch der 1.9 Liter Motor.

Und das beste: Dort waren zwei Leistungsvarianten angegeben, nämlich einmal die allseits bekannten 66 KW (entspricht ja den 90 PS) und einmal 78 KW (entspricht genau 106 PS)! Mir wurde richtig flau. Aber was würde diese Information nun für Auswirkungen auf mein Vorhaben haben? Rein rechnerisch gesehen waren die 106 PS zuzüglich der 40% lediglich 148,4 PS. Es waren aber 150 PS...

Bevor ich mich versah, hörte ich vom TÜV-Prüfer die rettenden Worte: "Wir machen das bei Dir in der Werkstatt, ich komme gleich vorbei". Ich konnte es garnicht richtig fassen. Also wieder rein in den Kadett und zurück zur Werkstatt. Ich fuhr auf die Zweisäulen-Hebebühne und hob die Limo gekonnt an. Derweil löcherte mich der Werkstattchef, wie ich denn dieses und jenes Problem gelöst hätte. Zum Beispiel das bekannte Problem der Heizung: Laut StVZO muss die Heizung lediglich eine "ausreichende" Heizwirkung besitzen, es muss auch nicht zwangsläufig eine durch warmes Kühlwasser betriebene Motorheizung sein. Vor allem beschlagene Scheiben mussten damit wieder frei werden. Ich wies darauf hin, das ich zwei elektrische Heizungen aus dem Hause "BMW" direkt unter dem Armaturenbrett verbaute, die dieser Aufgabe vollkommen gerecht wurden. Am Unterboden, im Bereich des Kofferraumes auf der rechten Seite (an der Endspitze), fragte er mich schliesslich, was denn dort unter der Abdeckung wäre. "Die Kraftstoffpumpeneinheit" erwiderte ich zu seiner Zufriedenheit.

Ihm kam es dann vor allem auf die Zutatenliste an: C20XE mit Lambdasonde und Katalysator, Vorderachse des Opel Kadett B 1.9 CIH, ein Getrag 240 Fünfgang-Getriebe, die Hinterachse eines Opel GT mit einer Übersetzung von 3,44, vorne eine innenbelüftete Scheibenbremse (246x22 Millimeter) mit Bremssätteln vom Opel Rekord E 2.2i, große Trommelbremsen hinten (Durchmesser 230 Millimeter; Breite 50 Millimeter), Felgen von Mangels in 7x15 ET35 mit Reifen der Dimension 195/50 R15, Spurplatten in 5 Millimeter Stärke rundherum.

Leider ließen sich die Nummern der Spurplatten im eingebauten Zustand nicht so einfach ablesen. Also schlug ich vor, mal eben ein Rad abzunehmen. Dieser Vorschlag wurde dankenswerter Weise angenommen. Also nahm ich mir den herumliegenden Druckluft-schrauber und demontierte fix ein Rad. Vorne und hinten Sport-stoßdämpfer Koni "gelb", vorne eine 60 Millimeter Tieferlegungs-blattfeder von Lenk, hinten Lenk Tieferlegungfedern in Form von Schraubenfedern.

Bei abgelassenem Fahrzeug fragte mich der TÜV-Prüfer, wie ich wohl das Problem mit dem Tacho gelöst hätte. Ich sagte ihm, das ich die Skala des Tachometers auf die Höchstgeschwindigkeit von "220 km/h" erweitern ließ. Und zu guter Letzt erwähnte ich noch einen sogenannten Ansauggeräuschedämpfer von "Mantzel", besser bekannt als "Rotkäppchen".

Nun sollte ich das Auto rausfahren. "Hat der einen Drehzahlmesser?" fragte mich der TÜV-Prüfer. Ich sagte "Ja, schon..." und fügte hinzu: "...aber der funktioniert leider nicht richtig".

Jetzt drehten sich alle Personen sehr interessiert in meine Richtung.

"Warum nicht?" hörte ich mehrfach. Ich erwiderte: "Hab ihn direkt am Motorsteuergerät angeschlossen, da scheint das Signal irgendwie zu schwach zu sein, ich werde ihn später direkt an der Zündspule anklemmen".

Irgendwie schien jeder über diese plausible Antwort erleichtert gewesen zu sein.

Später dann ging alles sehr schnell. Irgendwann ist der TÜV-Prüfer dann einfach so weggefahren. Blöderweise nahm er meinen Ordner mit allen Gutachten und dem Fahrzeugbrief mit. Nachdem ich die Gebühren vor der Halle in bar bei dem Werkstattchef bezahlte, versicherte mir dieser, dass ich alle meine Unterlagen wiederbekäme. Ich würde also sämtliche Gutachten und Fahrzeugpapiere per Einschreiben zurückgeschickt bekommen. Den Ordner brauchte ich nicht mehr, dieser hätte sowieso nicht in einen Umschlag gepasst.

Vorher liess er mich aber wissen, das die 106 PS-Variante des Opel Kadett B nicht von der Opel AG selber stammte, was für unsere Zwecke eigentlich zwingend erforderlich gewesen wäre, sondern wohl angeblich von Steinmetz vertrieben wurde. Ich besaß zu diesem Zeitpunkt absolut keine Lust auf Diskussionen und nickte einfach nur total froh.

Alles was ich dazu sagte, war: "Aha". War mir sowieso egal.

An Details zum Bezahlvorgang sämtlicher Eintragungen fällt mir noch folgendes ein. Ich wurde vor der Halle gefragt: "Was für einen Preis haben Sie mit meiner Frau ausgemacht?" Ich antwortete: "Mit Ihrer Frau habe ich nicht über Preise gesprochen, wenn dann mit Ihnen.". Er schob ein "Was für einen Preis habe ich genannt?" hinterher. "Ich glaube so um die 100 Euro" sagte ich scherzhaft.

Naja, wirklich witzig war das wohl nur für mich, denn nur ich lachte darüber. Egal. Also ging der Werkstattchef erst einmal zu seiner Frau, zwecks Absprache. Er kam wieder, schrieb eine Zahl auf ein kleines, gefaltetes Stück Papier und hielt mir dieses verdeckt vor die Augen. Seine Frau bat ihn, mich und meine Reaktion auf diesen Preis zu beobachten, um ihr später davon berichten zu können.

Dann nahm er tatsächlich seinen Finger von dem Papier, mit denen er bis zu diesem Zeitpunkt sehr sorgfältig den dort notierten "Preis" verdeckt hielt.

Dort war eine "650" zu lesen.

Ich schluckte.

Daraufhin nahm er die Karte, strich die "650" durch und schrieb erneut eine Zahl auf und zeigte mir die Karte erneut.

Nun stand dort eine "590".

Überglücklich wie ich war, antwortete ich daraufhin ganz cool: "Ist gebongt", gab im 600 Euro, fügte ein "stimmt so" hinzu und bekam daraufhin ein "Gut, dann nehm ich das Geld für das Porto um die Papiere wieder zurückzuschicken". Ich bedankte mich überglücklich mittels Handschlag. Nach ein wenig "plaudern" trat ich dann als nahezu glücklichster Mensch auf diesem Erdenball die Heimfahrt an. Was für ein aufregender Tag!

Kurze Zeit später sollte dann aber doch noch etwas schlimmes passieren:

Erst dachte ich, es würde Probleme bei der Zulassung geben. Etwa frei nach dem Motto "Fahrzeug zu lange abgemeldet", "das alte

Kennzeichen ist vergeben", "Fehler im Gutachten" oder irgendeine Ungereimtheit mit der Abgasuntersuchung (dort war ja noch der besagte, "versehentliche" mehrfache Zahlendreher in der Fahrgestellnummer) und so weiter.

Aber dazu sollte es erst einmal nicht kommen.

Die von der Tuningwerkstatt zu mir geschickten Unterlagen (unter anderem der originale Fahrzeugbrief!) kamen irgendwie nicht bei mir an. Ich wartete und wartete. Was ist da los? Erst nach ca. 14 Tagen erfuhr ich, was passiert war: Die Frau des Werkstattchefs packte alles ordnungsgemäß in einen Umschlag und schickte es als Päckchen versehentlich an meine alte, nicht mehr gültige Anschrift aus dem steinalten Fahrzeugschein. Und das, obwohl ich eigens dafür meine Adresse hinterließ. Aber zum Glück kam das Päckchen dann doch auf Umwegen zurück zum ursprünglichen Versender. Ich stand kurz davor, die Papiere persönlich abzuholen, aber die Frau konnte mich, wie auch immer sie das geschafft haben mag, besänftigen. Sie holte die Sendung bei der hiesigen Post ab und schickte sie erneut auf den Weg, diesmal per Einschreiben an die "richtige" Adresse. Ich verfolgte während dieser "schwierigen" Wartephase die besagte Postsendung minutiös via Internet auf Schritt und Tritt. Am übernächsten Tag konnte ich mir endlich das "Päckchen" dank einer "Benachrichtigungskarte" beim lokalen Postamt abholen, da niemand daheim war.

Die Anmeldung als solches verursachte überhaupt keine Probleme. Allerdings beschlich mich das Gefühl, dass die junge Frau an der Zulassungsstelle nur sehr, sehr ungern die grüne Umweltplakette für ein nahezu vierzig Jahre altes Auto herausrücken wollte. Man sah ihr an, dass sie dies genaustens kontrollierte, um im Anschluss vorsichtshalber nochmals die "Kontrolle" zu kontrollieren.

"Unmögliches wird sofort erledigt. Wunder dauern etwas länger. Auf Wunsch kann auch gehext werden."

(Emaillieschild im Stamm-Frisörsalon aus Kindertagen)

Nachträgliches:

Da ich nun den Umbau als solches hinter mich brachte, konnte ich mich nun um Dinge kümmern, für die ich vorher keine Zeit fand. So wollte ich zum Beispiel schon immer mal ein Lenkrad des Opel GT in meinem Opel Kadett B "ausprobieren". Ich hörte bereits schon öfters, dass ein solches Lenkrad nicht ohne weiteres passen würde. Die Nabe des Opel GT Lenkrades passt nämlich nicht auf die Lenksäule des Opel Kadett B. Und leider passt das Opel GT Lenkrad nicht auf die Opel Kadett B Lenkradnabe. Da ich aber der "Originaloptik" wegen den Hupenknopf des Opel Kadett B unbedingt beibehalten wollte, montierte ich es "einfach" mittels eines selbstgebauten Adapter an die Nabe des originalen Opel Kadett B Sportlenkrades. Für den Bau des Adapters ging ich wie folgt vor: Zur Ermittlung einer brauchbaren Platzierung der zukünftigen Befestigungsschrauben (für die sichere Verbindung der Einzelteile) experimentierte ich erst ein wenig mit einer Pappschablone. Als ich mir absolut sicher war, die ideale Lösung für das "Verbindungsproblem" gefunden zu

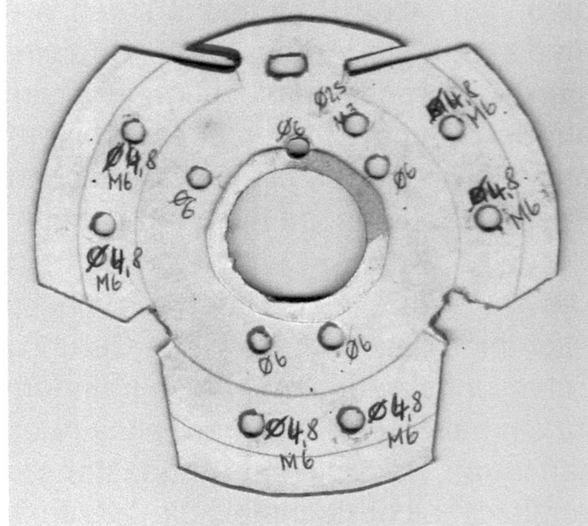

haben, übertrug ich diese Pappschablone mittels wasserfestem

Filzstift auf ein fünf Millimeter starkes Flachstahlprofil. Auf dieser Basis stellte ich mir einen Adapter in mühevoller Kleinarbeit selber her.

Die Adapterplatte selbst wurde mittels vier gebohrter Löcher (Durchmesser: 6 Millimeter) an der orginalen Sportlenkradnabe befestigt. Als ideal erwiesen sich Innensechskantschrauben (M6) mit Senkkopf, da die Schraubenköpfe so nun bündig auf der Adapterplatte versenkt werden konnten. Im Gegenzug musste ich wohlüberlegt an bestmöglich geeigneten Stellen vier Löcher im

Durchmesser von 4,5 Millimeter in die Lenkradnabe bohren, um anschließend Innengewinde der Größe M6 schneiden zu können. Da die Lenkradnabe aus einer empfindlichen Alugusslegierung bestand, verwendete ich beim Gewindeschneiden Spiritus als Schmiermittel, da ansonsten

das frisch geschnittene Gewinde rissig und somit unbrauchbar werden würde. Ein zusätzliches, 6 Millimeter großes Loch im Adapter diente der Durchführung des Massekabels für den Hupenknopf. Der Opel GT Lenkradkranz wurde von mir zum Schluss mittels sechs Innensechskantschrauben der Größe M6 mit flachem, halbrundem Kopf an den Adapter geschraubt, also mit je zwei Schrauben pro Lenkradspeiche, wie beim Original auch. Die Löcher dafür bohrte ich im Durchmesser von 4,5 Millimeter und schnitt vorsichtig die benötigten Innengewinde der Größe M6 in je drei Durchgängen, ganz nach alter Väter Sitte, in meinen Adapter. Für das originale Massekabel (normalerweise an der Lenkradnabe angeschraubt) bohrte ich an geeigneter Stelle noch zusätzlich ein Loch im Durchmesser von 2,5 Millimeter in den Adapter, um dort sehr vorsichtig ein Innengewinde der Größe M3 schneiden zu können. Die Befestigung erfolgte mit der recht kleinen Originalschraube der Masseverbindung von der Sportlenkradnabe des Opel Kadett B.

Die drei erforderlichen Aussparungen (zur Fixierung des Hupenknopfes) feilte ich mit Bedacht an den vorher am Adapter angezeichneten Stellen. Irgendwann, nach etlichen Versuchen, passte dann endlich alles und der aufsteckbare Hupenknopf saß wie beim "Original".

Kleiner Schwenk vom Innen- in den Motorraum:

Zwischenzeitlich "verbannte" ich den alten K&N Luftfiltereinsatz (K&N Nr.: 33-2162) aus meinem selbstgebautem Luftfilterkasten und ersetzte ihn durch einen Trockenfilter von Pipercross (Art.-Nr.: PP1698-DRY).

Während der biblisch anmutenden Umbauzeit von sieben Jahren schaffte ich es wohl irgendwie (höchstwahrscheinlich durch das notwendige Öffnen und Schließen der Fahrertür während der Umbauzeit), einen Kabelbruch im Kabelbaum der nachgerüsteten Zentralverriegelung im Übergangsbereich zwischen Fahrertür und A-Säule hinaufzubeschwören. Ja, richtig gelesen, ich rüstete tatsächlich ursprünglich frech eine Zentralverrigelung mit Funkfernbedienung nach.

Erst konnte dies kaum einer nachvollziehen, heute macht es fast jeder. Eine Zentralverriegelung hat vor allem folgenden (für mich sehr wichtigen) Vorteil: Die Schlüssel und Schlösser werden geschont.

Nun neues zum Thema Gasgestänge:

Während eines Weltrekordversuches im April 2013, bei dem möglichst viele Oldtimer mehrere Runden über den Hockenheimring fahren sollten, passierte es während der kostenlosen "Freirunden" auf der Rennstrecke in der dritten oder vierten Runde: Meine Drosselklappenbetätigung mittels Gaszug verabschiedete sich! Den originalen, unveränderten Gaszug des Opel Calibra 16V unbedingt beizubehalten war also doch keine so gute Idee. Also musste ich mir ein solides, zuverlässiges Gasgestänge selber bauen. Somit konnte ich das alte Geraffel komplett abbauen, wegwerfen und experimentieren. Ich wollte verständlicherweise möglichst keine neuen Löcher in mein "fertiges" Auto bohren, um so nachträglich irgendwelche neuen Halter für das zukünftige Gasgestänge zu verbauen. Also nutzte ich zum Beispiel am Motor ausschließlich ohnehin vorhandene Gewindelöcher. Aus fünf Millimeter starkem Stahlprofil fertigte ich mir zwei Halter. Der erste, selbstgebaute Halter wurde an Stelle des originalen Gaszughalters aus Aluminium (diesen verbaute ich später an einer anderen Stelle!) auf der Ansaugbrücke montiert. Der zweite, zusätzliche Halter wurde von mir an der Einspritzleiste mittels der dort bereits vorhandenen Gewindebohrungen der Größe M6 mit Innensechskantschrauben befestigt. Auf den beiden Haltern montierte ich nun als "Verbindungsbrücke" eine Halteschiene, welche ich ausserdem mit einer "Aussparung" für den Prüfanschluss (Kraftstoffdruck) der Einspritzleiste versah. Auf eben dieser Halteschiene befestigte ich an je einem Ende ei-

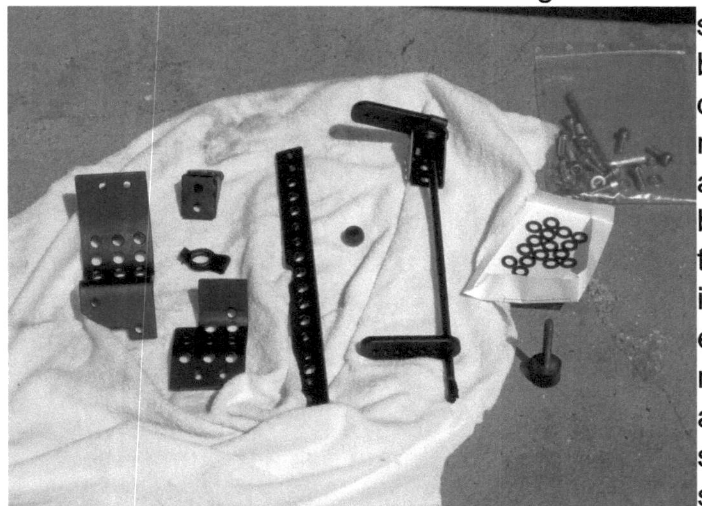

nen selbstgefertigten Haltewinkel aus Stahlblech für das eigentliche Gasgestänge, um so die zukünftige "Hauptwelle" des Gasgestänges drehbar lagern zu können. Als Lager selber dienten mir zwei der Gasgestängelager des Opel Kadett B 1.2S, welches normalerweise an der Spritzwand im Motorraum nahe der Heizung verbaut wurde. Benötigt man für ein Seriengasgestänge lediglich eines dieser Lager, so brauchte ich jedoch zwei. Ich entschied mich für Reproteile aus hartem Kunststoff statt der originalen Gummiteile, da sie zum einen haltbarer sind, zum anderen lassen sie Bewegungen in nahezu allen Richtungen zu, da sie der Einfachheit halber nur mittels einer aufzusteckenden Blechklammer fixiert werden. An der drehbaren "Hauptwelle" des Gasgestänges selber schweißte ich mir an jedem Ende je einen Hebel an, welche ich im Anschluss mit je einem angeschraubtem Kugelkopf versah.

Als nächstes vermaß ich den originalen Gaszug des Opel Calibra 16V und schnitt ihn dann an einer geeigneten Stelle einfach durch. Das "kurze" Stück reichte vom Schwenkhebel mittels Kugelkopf zum originalen Befestigungsnippel der Drosselklappe. Das abgeschnittene Ende des Drahtzuges "zerfranste" ich leicht (für einen besseren Halt!) und steckte es in das Gewindeloch des Kugelkopfes (vom Gasgestänge), um es so mittels Weichlot und Gasbrenner anzulöten. Das

andere Ende des Gaszuges (vom Gaspedal zum Gasgestänge)

genoss ebenfalls eine solche Behandlung. Als "Haltevorrichtung" für die Außenhülle des Bowdenzuges auf der Gaspedalseite benutzte ich den originalen Gaszughalter (aus Aluminium) des C20XE, welcher ja vorher auf der Ansaugbrücke verschraubt war. Ich platzierte ihn in Fahrtrichtung rechts unmittelbar neben dem Zündverteiler. Um das recht massive Gasgestänge ein wenig zu erleichtern, perforierte ich es vor einer Dusche in "schwarz matt" mit zahlreichen Löchern.

Zum Thema Optik:

Es war eigentlich schon immer mein Wunsch, den originalen Kühlergrill so zu modifizieren, dass er noch "amerikanischer" wirken würde. Der orangefarbene Opel Kadett B auf dem Titelblatt der Opelzeitung im Vorwort sollte das Vorbild für dieses Vorhaben sein.

Gedanklich befasste ich mich bereits mit dem Kühlergrillumbau ausgiebig, allerdings war ich mir noch im Unklaren darüber, ob dieses Vorhaben wirklich mit einem brauchbaren Ergebnis enden würde. Da sich kein Ersatzkühlergrill zum "experimentieren" in meinem Besitz befand, musste ich also schweren Herzens meinen originalen Kühlergrill für dieses Vorhaben abschrauben. Und spätestens ab jetzt müssen alle Originalfetischisten stark sein. Oder einfach dieses Kapitel frech überspringen. Denn am Anfang fing es eigentlich ganz harmlos an. Ich stöpselte den blauen Bosch Winkelschleifer in die nächstbeste Steckdose. Ich brauchte ihn nämlich für folgenden Arbeitsschritt:

Mit einer 1 Millimeter starken Trennscheibe setzte ich genau mittig in der "Opel-Leiste" des Kühlergrills einen horizontalen Schnitt. Dabei vollführte ich bewusst keinen "durchgehenden" Schnitt, sondern ließ den Bereich in unmittelbarer Nähe der vertikalen Verstärkungsstreben großräumig aus, da diese ja mit dem "verbliebenen" Material später nachgebildet werden mussten. Unmittelbar neben diesen vertikalen Verstärkungsstreben, auch jene am Rand, platzierte ich kleine "Querschnitte" mit Hilfe eines sogenannten "Dremels". Nun galt es, die durchtrennten Bereiche der "Opel-Leiste" so umzulegen, das es hinterher wie eine originale

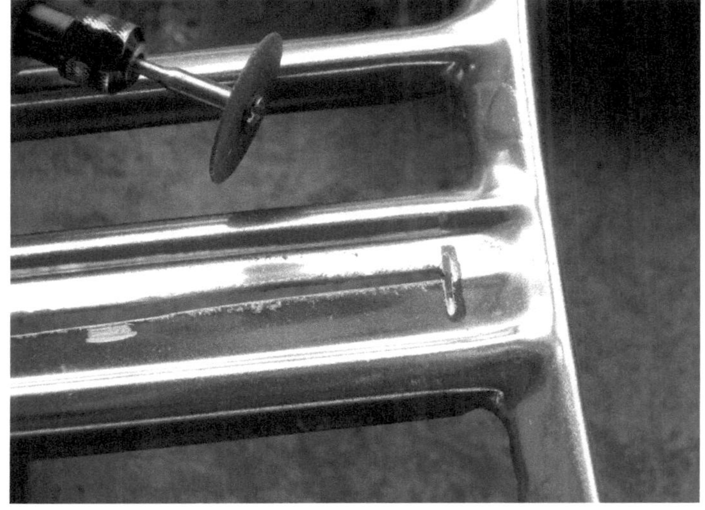

Querstrebe ausschauen würde. Als Hilfsmittel spannte ich mir ein altes, fünf Millimeter starkes Flacheisen mit abgerundeten Kanten in den Schraubstock ein, damit ich zum einen das Material nicht zu weit umbiegen würde, und es sich so zum anderen auf diesem Wege vermutllich sauberer abkanten lässt. Mittels einer Spitzzange, bei der ich zum Schutz des Werkstückes die Spitzen mit Gewebeband umwickelte, legte ich nun die Kanten vorsichtig Schritt für Schritt in mühevoller Kleinarbeit um. Noch jetzt beim Schreiben dieser Zeilen (einige Tage später), plagten mich die Blasen an der rechten Hand vom mühevollen Umbiegen des recht "zähen" Edelstahlbleches. Ja, jeder Opel Kadett B Kühlergrill ist tatsächlich aus Edelstahl! Er ist also nicht aus Aluminium, nicht aus verchromtem Stahl oder ähnlichem, wie die meisten "Kenner" behaupten. Das im Schraubstock eingepannte

Flacheisen verhinderte außerdem recht einfach und sicher, das ich

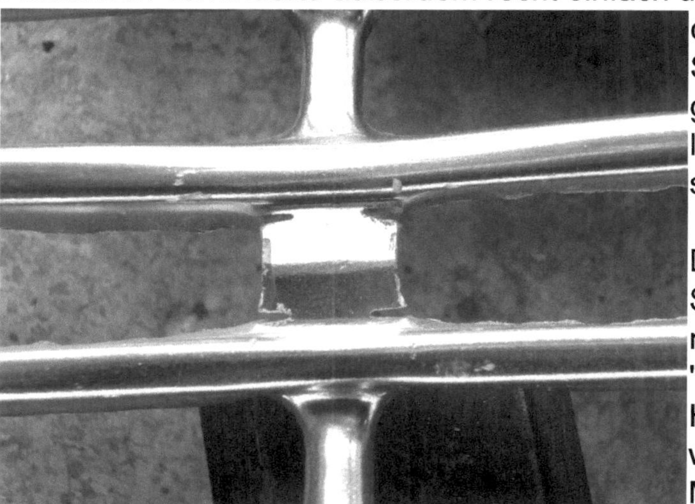

die horizontalen Stege des Kühlergrills nicht einfach lieblos "zerquetschen" würde.

Die vertikalen Streben wollte ich nun als nächstes "nachempfinden". Hierzu schnitt ich wieder wenige Millimeter lange Schnitte oben und unten mit einem Dremel in das Material. Auch hier nahm ich das im Schraubstock eingespannte Flacheisen zur Hilfe und nutzte erneut die an den Spitzen mit Textilband umwickelte Spitzzange, um so meine zukünftigen, neuen, vertikalen Streben liebevoll zurechtzuquetschen. Im Nachhinein muss ich sagen, war ich richtig überrascht: Das Ergebnis sah meiner Meinung nach absolut spitze aus!

Im Vergleich zum Original sind "meine" vertikalen Streben selbst aus nächster Nähe kaum vom Original zu unterscheiden. Damit ich in Kürze dasselbe auch von meinen noch provisorisch umgebogenen, horizontalen Kühlerstreben behaupten könnte, musste ich diese erst noch ein wenig "nachglätten", gelinde ausgedrückt. Das im Schraubstock eingespannte Flachstahlprofil schmiegte sich ja nahezu perfekt von hinten in den Hohlraum der jeweiligen Strebe des Kühlergrills. So konnte ich auf diesem "harten" wie auch "schmerzvollen" Wege Zentimeter für Zentimeter die noch recht grob umgelegten Kanten "glätten". Auch dieses Ergebnis hat mich echt positiv überrascht. Es ist sicher nicht perfekt geworden (was ja auch nie wirklich mein Ziel war), trotzdem bin ich sehr zufrieden mit dem Endresultat. Um den ohnehin absolut coolen Effekt noch weiter zu verstärken, kam mir die Idee, die oberen und unteren Innenseiten der horizontalen Streben, wie auch die kompletten vertikalen Streben, schwarz zu lackieren. Zu "Testzwecken" erwies sich ein Pinsel

und Farbtopf als erste Wahl. Gut, das ich noch einen "schwarzmatten" Lack für Schmiedeeiserne Gitter im Keller fand. Für mich ist dieser Kühlergrill einfach ein nach langer, langer Zeit (eigentlich nach über 19 Jahren) realisierter Traum!

Im Winter 2015/ 2016 bockte ich die Limo erneut auf: Ich verbaute eine nagelneue Auspuffanlage des Opel Kadett C! Wie auch schon zuvor musste ich hier leider den Mittelschalldämpfer auseinanderschneiden, jedoch blieb der Endschalldämpfer wie gehabt unangetastet. Diesmal griff ich jedoch für die Auspuffrohre ausnahmsweise mal nicht in die Schrottkiste, sondern in das Teileregal von "Timms Motorsport". Ich benötigte zwei Rohrbögen in 60° und ein Rohr mit einer Länge von einem Meter, alles für den Seitenwechsel in Höhe des Getriebeausgangs. Für den Rohrbogen über der Hinterachse benötigte ich drei Rohrbögen in je

45°, natürlich alles mit Muffen zum zusammenschieben, ausrichten und verschweißen. Diesmal ließ ich mir nicht nur mehr Zeit, ich platzierte auch den Katalysator an einer vorteilhafteren Stelle. Das ich hierzu erneut das Hosenrohr ändern musste, erwähne ich nur am Rande. Als

zusätzliche Halter unmittelbar nach dem Katalysator verwendete ich übrigens zwei identische, aus dem VW-Regal stammende Auspuffgummis mit integriertem Metallwinkel. Diese schraubte ich am Unterboden fest und versah eine passende Auspuffschelle dank Schweißgerät mit zwei seitlich abstehenden Gewindebolzen. Diese stellte ich aus zwei Schrauben her, denen ich die Sechskantköpfe abschnitt. Mittels Unterlegscheiben und selbstsichernden Muttern (100% Metall - ohne Nylon!) besaß ich nun eine optimal gelagerte Auspuffanlage!

Der Langzeittest findet jetzt gerade in diesem Moment statt!

Ausserdem fand ich nun auch endlich Zeit, die Schönheit des

C20XE ein wenig hervorzuheben. Ich dachte an einen anderen Ventildeckel mit passender Zahnriemenabdeckung. Ich ersteigerte ein verchromtes Set für schlappe 30,-€, jedoch wies es Fehler im Chrom auf. Dies war mir aber so ziemlich egal, da mir der Chromschmuck ohnehin nicht wirklich zusagte und die Deckel lediglich als Basis für die bevorstehende Umgestaltung dienen sollten. Aber irgendwie brachte ich es dann noch nicht fertig, den Chrom in mühevoller Kleinarbeit abzuschleifen.

Daher wollte ich das Set nun eigentlich gewinnbringend verkaufen und meinen ursprünglichen Ventildeckel, sowie die Zahnriemenabdeckung mit schwarzem, zeitgenössisch dreinschauenden Kräusellack versehen.

Leider ging dies allerdings bei meinem ersten Versuch gehörig in die Hose. Also verbaute ich dann doch zähneknirschend aus der bloßen Not heraus das Chromset mit einer neuer Dichtung. Außerdem verwendete ich neue, verzinkte Innensechskantschrauben, diese kamen so schließlich besser zur Geltung als die vergammelten Originalschrauben. Auf Schrauben aus Edelstahl vezichtete ich bewusst, da diese ein völlig anderes Dehnverhalten an den Tag legen und ich mich mit so einem Unfug nicht auch noch kurzfristig beschäftigen wollte.

Ich benötigte folgende Schrauben: Für den Ventildeckel 19 Stück Innensechskant M6x65 (mit 25 Millimeter Teilgewinde), für die Zündkerzenabdeckung 2 Stück Innensechskant M6x16.

Für die Zukunft sind (bis jetzt) noch folgende Dinge geplant:

- Zur Sicherheit alle Kraftstoffleitungen nachträglich an den Enden leicht bördeln
- Auch das 180° Wasserrohr (am Motor) bördeln, ausserdem alle Schläuche ersetzen durch passende Gegenstücke aus dem Hause "Samco"
- Selbstmodifizierte Motorgummis durch eigene, "verbesserte" Exemplare (denen des Opel Commodore A nachempfunden) ersetzen, die "teuer" eingekauften Nachfertigungen von O.T.R haben weniger ausgehalten als meine liebevoll mit Scheibenkleber zugeschmierten Originalgummis!
- Umrüsten auf Mangels Chromstahlfelgen in 7x14 ET25 und 185/55 R14, vermutlich mit Spurplatten 5 Millimeter rundrum
- Haubenschlösser (pro 10 km/h ca. 1 Millimeter Haube auf. 200 km/h = ca. 2 Zentimeter Haube auf!)
- Krümmer eventuell neu bauen, statt originalem 35 Millimeter Rohrdurchmesser einfach mal 40 Millimeter Durchmesser, aber ohne auch nur die kleinste Verjüngung
- Teppich erneuern (Altteil = perfektes Muster!)
- Ölkühlerschläuche erneuern (bessere Schlauchqualität!)
- Lackmängel ein wenig ausbessern
- neue Hohlraumversiegelung, Löcher im Innenraum anschließend gut verschließen! (Wegen dem Lösemittelgestank im Sommer)
- Doppeltonhorn (mit Relais) verbauen

- Feuerlöscher (1 kg oder 2 kg) in den Fond einbauen
- Innenteil Handschuhfach anpassen (und endlich einbauen)
- anderer Drehzahlmesser
- vieleicht ja doch noch andere, zeitgenössische Sitze (glaube aber eher nicht, Rücken und so)
- Rückbank ausbauen (ist ja sowieso ein Zweisitzer dank des Überrollbügels)
- Weitere, gewichtseinsparende Optimierungen

- und so weiter, und so weiter...

"Amerikanische Bauteile, russische Bauteile - die kommen doch alle aus Taiwan."

(Zitat aus dem Film "Armageddon")

Teileliste:

Motor:

- C20XE M2.5 (Coscast) aus Opel Calibra 4x4 16V
- Aluölwanne Opel Manta B 1.8S (Opel Teile-Nr.: 90 144 785)
- Ansauggeräuschdämpfer „Mantzel Powercap“ (Teilegutachten-Nr. TU-024664-A0-036)
- Auslasskrümmerdichtung Opel Calibra 4x4 16V (Opel Teile-Nr.: 763829)
- Motorhalter: Eigenbau, asymetrisch
- Motorgummis: Eigenbau (Extrafeste vom Opel Commodore A nicht mehr zu bekommen, "nachgefertigte" Teile hielten nur eine handvoll Kilometer!)
- Ölansaugrohr: Opel Calibra 16V, modifiziert
- Ölfilter Opel Calibra 4x4 16V (MANN W712/22)
- Ölwannendichtung: Opel Calibra 4x4 16V (Opel Teile-Nr.: 0652599)
- Motorkabelbaum Opel Calibra 4x4 16V, modifiziert
- Zündkabel Zündspule zu Zündverteiler (ca. 600 Millimeter; Beru B1 08 A, Teile-Nr.: 0 300 81 1 351)
- Masseband für Motor (250 Millimeter) und Getriebe (200 Millimeter)
- Pilotlager Opel Manta B / Rekord E 1.8S (Opel Teile-Nr.: 0614706 / SACHS Teile-Nr.: 3151 000 746 009)
- Abdeckblech Schwungscheibe: Opel Vectra A 1.6,

modifiziert

- Stehbolzen Auslasskrümmer (12 Stück, Opel Teile-Nr.: 0850741)
- Zahnriemenkit Opel Calibra 4x4 16V (Gates Teile-Nr.: K015205)
- Spannfeder Zahnriemen (nur zur Einstellung der Zahnriemenspannung; Opel Teile-Nr.: GM 90299888)
- Keilriemen 10x925
- Riemenscheibe: Einfach, Spezialanfertigung aus Aluminium
- Luftfilterkasten: Eigenbau
- Luftfiltereinsatz: Pipercross Filter, Art.-Nr.: PP1698-DRY (ursprünglich für Suzuki Baleno 1.8 16V)
- Gaszug: Opel Calibra 4x4 16V, modifiziert (Opel Teile-Nr.: GM 90 324 084)
- Gaszughalter: Eigenbau in Kombination mit original Opel Calibra 16V Gaszughalter
- Gasgestänge: Eigenbau
- Dichtringe Einspritzventile, 8 Stück (Opel Teile-Nr.: GM 90541910)
- Schwungsscheibe: Opel Calibra 16V Tellerschwungscheibe, um 840 Gramm (= 5810 Gramm) erleichtert und gewuchtet

Kraftübertragung:

- Getriebe: Getrag 240 Fünfgang aus Opel Rekord E 1.8S
- Schaltkulisse modifiziert (um 11 Zentimeter nach vorne verlegt)
- Schaltknüppel: Unterteil Opel Rekord E 1.8S / Oberteil Opel Kadett B 1.2S (abschraubbar für Getriebeausbau)
- Getriebehalter: Eigenbau (befestigt an Serienhalter Karosserie/Unterboden Automatiktunnel)
- Kupplungsseil: Opel Manta B 2.0E (Opel Teile-Nr. 6 69 098)

- Tachowelle Opel Kadett B 1.2S, Serie
- Kunststoff-Zahnrad Tachoantrieb "blau" (20 Zähne)
- Wellendichtring Getriebe hinten (Opel Teile-Nr.: 90 112 741)
- Ausrücklager Opel Manta B/Rekord E 1.8S (Sachs Teile-Nr.: 3151 000 746)
- Kupplungsscheibe Opel Calibra 16V Turbo (wegen passender Verzahnung zum Getrag 240)
- Kupplungsautomat Opel Calibra 16V (wegen flacher Tellerschungscheibe vom C20XE)
- Kardanwelle Opel Rekord E 1.8S, modifiziert (um 100 Millimeter kürzen und wuchten lassen bei: Fehlau & Sohn Gelenkwellenbau, Schäferstr. 37, 44147 Dortmund, Tel.: 0231/ 824077)
- Kardanwellenfeder für Schiebestück in Getriebe (Opel Teile-Nr.: 450 411)

Auspuffanlage:

- Auslasskrümmer: Eigenbau aus Originalkrümmer Opel Calibra 16V (35 Millimeter Rohrdurchmesser), ohne Zusatzmaterial
- Hitzeschutzband (Gesamt = 6,5 Meter)
- Katalysator: Opel Vectra A 1.6i (Teile-Nr.: 251 43762)
- 2x Dichtung Katalysator (Bosal Teile-Nr.: 256-063)
- Flexible Unterboden-Wärmeschutzplatte für Katalysator
- Lambdasonde: Opel Calibra 16V, Serie
- Auspuff: Lexmaul Mittel- und Endschalldämpfer Opel Kadett C (KBA 22660), 55 Millimeter Rohrdurchmesser, modifiziert
- 2x Rohrbogen 60°, Rohr Länge 1 Meter, 3 Rohrbögen 45°, alles mit Rohrmuffen (Edelstahl, erhältlich bei Timms Motorsport, Duisburg)

Kühlung:

- Kühler: Opel Manta B 2.0E, seitliche, obere Halter um 20 Millimeter nach hinten versetzt
- Haltegummi Kühler unten: Silentblock (Stärke: 15 Millimeter) mit 2x Gewinde M8
- Kühlerhalter unten: Eigenbau
- Kühlerhalter Seite: Opel Kadett B 1.2S modifiziert
- Kühlerschlauch oben: Gates Universalschlauch (1 1/4" x 15"; Teile-Nr. VF-9 bzw. 26405)
- Kühlerschlauch unten: Wühlkiste
- Wasserrohr Motorblock/Kühler unten: Eigenbau aus Auspuffrohr, 180° abgewinkelt, Durchmesser 35 Millimeter, 300 Millimeter Länge, mit seperatem Massekabel für die Sensoren
- Thermoschalter Opel Rekord 1.8S (95°C/90°C; Febi Teile-Nr.: 03080), dazugehörige Mutter M22x1,5 Millimeter
- Thermofühler Steuergerät Opel Calibra 16V, dazugehörige Mutter M12x1,5 Millimeter
- Thermofühler Tacho von Splendid Parts, dazugehörige Mutter M10x1,0 Millimeter

*** ACHTUNG! *** Alle anderen von mir getesteten, im Handel erhältlichen Temperaturfühler für die Temperaturanzeige besitzen falsche Widerstandswerte und sind somit unbrauchbar!!!

- Kühlerlüfter Spal (Art.-Nr.: VA1 0- AP9/C-25A), Einbaudurchmesser: 336 Millimeter, Flügeldurchmesser: 305 Millimeter, Einbautiefe 52 Millimeter, Luftmenge: 1460 m³/h)
- Ölkühlerthermostat: Original Opel Calibra 4x4 16V
- Ölkühler: Racimex 11-Reihig
- Ölkühlerschläuche: Spezialanfertigung (gemessen von Öse

Lochmitte zu Öse Lochmitte):
1x Schlauchlänge ca. 850 Millimeter, 1x Öse für Hohlschraube M18, 1x Öse für Hohlschraube M16;
1x Schlauchlänge ca. 1080 Millimeter, 1x Öse für Hohlschraube M18, 1x Öse für Hohlschraube M16.

Bremse/Fahrwerk Vorderachse:

- Bremskraftverstärkerverlängerung: Eigenbau
- Bremskraftverstärker: Opel Manta B 2.0E Delco 9"
- Hauptbremszylinder: Opel Manta B 2.0E Delco (Opel Teile-Nr.: 558103; Kolbendurchmesser 20,64 Millimeter)
- Bremsschläuche: Auf beiden (!) Seiten Opel Kadett E Bremsschlauch **links** (!) GM Teile-Nr.: 562 344 (die rechten haben keine Anschraubmöglichkeit für einen Halter!)
- Bremssättel: Opel Rekord E 2.2i Schwimmsattel
- Bremsscheiben: Opel Rekord 2.2i Innenbelüftet (246x23 Millimeter)
- Bremsbeläge: Opel Rekord 2.2i
- Achsschenkel: Opel GT 1.9S
- Radlager: Opel GT 1.9S
- Radnaben: Opel GT 1.9S
- Schwenkhebel: Opel Kadett B 1.2S
- Vorderachse: Opel Kadett B 1.2S OHV, Motorhalter modifiziert (Umbausätze von OHV auf CIH mit Anleitung bei mir erhältlich, sowie bereits fertige CIH Vorderachskörper. Nur solange der Vorrat reicht! Tel.: 0172/2434532)
- Querlenker oben: Opel Kadett B 1.2S
- Querlenker unten: Opel Kadett B 1.2S
- Bremsscheibenabdeckbleche: Opel Ascona B 2.0E, modifiziert
- Stabilisator vorne: Opel Kadett B 1.2S

- Stoßdämpfer: Koni gelb
- Tieferlegungsblattfeder: Opel GT Lenk (-60 Millimeter)
- PU Buchsen komplett

Bremse/Fahrwerk Hinterachse:

- Hinterachse Opel GT 1.9S (3,44:1)
- Differentialdeckel Aluminium, modifiziert (Panhardstab schlägt sonst gegen Kühlrippen)
- Anschlagscheiben Deichselwelle (Gummi / Metall)
- Bremstrommeln: Opel GT 1.9S Serie (230x50 Millimeter)
- Bremsbacken: Opel GT 1.9S
- Feststellbremsseil: Opel Kadett B 1.9S (Aufpassen! Einige Händler verschicken Seile für den OHV! Diese sind definitiv zu kurz!)
- Panhardstab: Opel Kadett 1.2S modifiziert (eingebaut einstellbar)
- Stoßdämpfer: Koni gelb
- Schraubenfedern: Opel Kadett B 1.2S (Serie; alles andere ist mir definitiv zu tief)
- Federauflage oben "Normalstärke"
- PU Buchsen komplett
- Stabilisatorhalter: Eigenbau (nachgerüstet)
- Stabilisator Buchsen: Eigenbau

Räder:

- 4x Mangels Chromstahl 7x15 ET35
- 4x Reifen 195/50 R15
- 4x Spurplatten je 5 Millimeter

Karrosserie:

- Getriebetunnel: Unterteil Opel Kadett B Automatik (modifiziert); Oberteil Opel Kadett B 1.2S (Schaltwagen)
- Wartungsklappe Fahrerseite schraubbar, Eigenbau (für Getriebeausbau nach unten bei eingebautem Motor)
- Leitungshalter: Schrauben M6x16, Gummi-Metallschellen und Hutmuttern M6
- Auspuffhalter: Eigenbau
- Hitzeschutzblech Katalysator: von einem guten Freund
- Kraftstoffleitungen: Kupferrohr 8 Millimeter Durchmesser, ca. 10 Meter
- Kraftstofffilter (BOSCH Teile-Nr.: 0 450 905 002)
- Kraftstoffpumpe 3 Bar (BOSCH Teile-Nr.: 0580 464 070)
- Kraftstoffpumpenabdeckung: Eigenbau
- Tank: Opel Kadett B 1.2S (modifiziert)
- Haubenlifte: VW Golf 2 (AD-Tuning Art.-Nr. 91 821); nachträglich obere „schräg angewinkelte“ Kugelkopfhalter durch „gerade“ ersetzt.

Tacho:

- Tacho Opel Kadett B (W=666), ursprünglich bis 180 km/h
- Tachoscheibe: Spezialanfertigung bis 220 km/h in Originaloptik (Klebefoliendruck weiß matt: Staples Büromarkt)

Innenraum:

- Sitze und Rückbank Serie, Kunstleder schwarz, ohne Kopfstützen

- Gurte vorne original (statisch), hinten keine Gurte
- Überrollbügel Heigo mit Diagonalstrebe (2-Sitzer; Art.-Nr.: 510.049)
- Halteplatten Überrollbügel: Eigenbau
- Lenkrad original Opel GT, Holzimitat (mit Eigenbauadapter) und Opel Kadett B Hupenknopf
- Heizung: 2x Heizlüfter elektrisch aus BMW E30 Cabrio (BMW Teile-Nr.: 1376881.9)
- Teppich: Baumarkt (testweise für 2,- € pro Quadratmeter)
- Pedalerie: Opel Kadett B 1.2S, modifiziert
- Handbremshebel: Opel Kadett B 1.2S (Serie)

„Die wahre Kunst des Ingenieurs ist es, die Dinge einfach zu machen.“

(Zitat: Fritz Indra)

Daten

Nachfolgend eine handvoll möglicherweise interessante Fakten rund um den C20XE. Obwohl ich mich bemüht habe, diese im Vorfeld zu prüfen, kann ich nicht garantieren, das diese zu 100% stimmen.

Wer hat´s erfunden?

Entwickler des C20XE: Fritz Indra

Als Basis des C20XE dient der 20SEH Motor. Es wurden diverse Modifikationen vorgenommen, unter anderem am Zylinderkopf und dem Kurbeltrieb.

Hier die Anfänge des C20XE anhand des Beispieles "Opel Kadett E GSI 16V":

12.1987 – 05.1992: Version 115 kW (156 PS), ohne Katalysator, nur für Export, MKB "20XE"

03.1988 – 05.1992: Version 110 kW (150 PS), mit Katalysator, MKB "C20XE"

Detaillierte Modellgeschichte des C20XE

Modelljahr 1988:	Einführung des Motors C20XE und 20XE, zunächst nur im Opel Kadett E
Modelljahr 1989:	In Deutschland nur noch als C20XE verfügbar, denn Opel liefert dort also nur noch Fahrzeuge mit G-Kat aus
Modelljahr 1991:	bei Opel Vectra A / Calibra erfolgte die Erhöhung des Kraftstoffdrucks von 2,5 auf 3,0 Bar durch einen neuen Benzindruckregler (inkl. neuer Steuergeräte)
Modelljahr 1992:	Erhöhung des Anzugsmomentes für die Zündkerzen auf 25 Nm
Modelljahr 1993:	Torxschrauben als Verbindungsschrauben für den Zylinderkopf und Zylinderblock (Nuss: TX 55 Innentorx, lange Version), Opel Astra F20 Getriebe mit Sperrdifferential lieferbar (gegen Aufpreis), Sperrwert ca. 20%, Sperre, erkennbar am weißen Punkt auf dem Lagerschilddeckel (für Hecktriebler uninteressant, aber vieleicht für den "Wiederverkauf" nicht ganz unwichtig), Modifizierung des Zahnriemenantriebes (andere Wasserpumpe / Nockenwellenräder / Kurbelwellenrad / Ölpumpe / Zahnriemenabdeckung), Einführung der automatischen Zahnriemenspannrolle, Umstellung des Zahnriemens von halbrundem Zahnriemenprofil auf eckiges Zahnriemenprofil, Update

des Einspritzsystems von Motronic 2.5 auf Motronic 2.8, Einführung des DIS Zündmoduls anstatt Verteilerzündung

Technische Daten C20XE

Zylinderanordnung:	Vierzylinder, Reihe
Zündreihenfolge:	1-3-4-2
Kühlsystem:	Wassergekühlt
Hubraum:	1998 ccm (nach Steuerformel 1984 ccm)
Bohrung x Hub:	86 x 86 Millimeter (Quadrathuber)
Nennleistung:	110 KW (150 PS) bei 6000 min-1 (mit Katalysator), 115 KW (156 PS) bei 6000 min-1 (ohne Katalysator)
Max. Drehmoment:	196 Nm bei 4800 min-1 (mit Katalysator), 203 Nm bei 4800 min-1 (ohne Katalysator)
Verdichtung:	10,5 : 1
Mittlerer Arbeitsdruck:	12 bar
Wirkungsgrad:	37% (Weltrekord bei Einführung)
Spezif. Kraftstoffverbr.:	232 g/kWh (95 Oktan), mit Abstimmung auf Superplus (98 Oktan) nur ~ 227 g/kWh, was einem Wirkungsgrad von 38% im Bestpunkt entspricht.
Motorblock:	Grauguss
Zylinderkopf:	Aluminium
Kolben:	Aluminium, geschmiedet (mit Sicherungsringen)
Kolbenbolzen:	Schwimmend gelagert, Durchmesser

	21 Millimeter
Motorschmierung:	Öldruckumlaufschmierung
Ventilsteuerung:	DOHC, Hydrostössel, Zahnriemen
Schadstoffklasse:	E2 (Euro1)
Ansaugtrakt:	Schwing-Saugrohr mit Register Drosselklappen-Stutzen
Auslasstrakt:	Geschweißter Edelstahl Fächerkrümmer, ovaler Querschnitt (passt also nicht am C20NE und umgekehrt)
Ventildeckel:	Aluminium, mit Ölabscheider
Nockenwellen:	2 oben liegende, hohl gebohrte Nockenwellen (DOHC) aus Schalenhartguss, Nockenwellenlagerdeckel abschraubbar (5 Stück für die Einlassnockenwelle, 6 Stück für die Auslassnockenwelle)
Ventile:	4 Ventile pro Zylinder
Ventilsteuerung:	Hydro Tassenstößel
Ventilwinkel:	46°
Einlassventile:	2 Einlassventile pro Zylinder Durchmesser Ventilteller 33 Millimeter, Ventilschaft 7 Millimeter
Auslassventile:	2 Auslassventile pro Zylinder, Durchmesser 29 Millimeter, Ventilschaft 7 Millimeter Achtung! Die Auslassventile sind zur besseren Kühlung mit Natrium gefüllt, Explosionsgefahr bei der Verschrottung!
Zahnriemenrad:	Mit Torxschraube (E24) an Kurbelwelle befestigt
Schwungscheibe:	Schwungrad mit 8 Schrauben (M10x

1,25) an Kurbelwelle befestigt

Ölwanne: Aluminium, im Original mit dynamischen Ölstandssensor und 2 Ölwannendichtungen aus Kork/Gummi-Gemisch

Kraftstoffaufbereitung: Vollsequentielle Einspritzung Bosch Motronic 2.5 (ab 1993 Version 2.8)

Klopfsensor: Ja (91/95 Oktan)

Einspritzventile: Beige M2.5 (0-280-150-744); bei 2.5 Bar (36.25 psi): 213.9 cm^3 pro Minute (20.35 lbs / h); entspricht 153.8 g/Min.

bei 3 Bar: 234.3 cm^3 pro Minute (22.29 lbs / h)

High Impendance; 1-Strahl

Schmierstoffe und Füllmengen

Motorenöl: SAE 10W40 (SG)

Motor (mit Filter): 4.5 Liter

Kühlsystem: 6,9 Liter

Getriebeöl (manuell): SAE 80W90 GL-4

Motoröl-Empfehlung: FORMULA LL PLUS

Abgasrelevante Kontrollwerte

Dyn. Zündzeitpunkt: 20 ±2 / 940° (vor OT) / min-1, nicht einstellbar

Leerlaufdrehzahl: 860 - 1020 min-1, nicht einstellbar

CO-Gehalt: max. 0,4 Vol.%, (Leerlauf) nicht einstellbar

CO^2/O^2 - Gehalt: 14,5 - 16 / 0,1 - 0,5 Vol.% (Leerlauf)
HC-Gehalt: 100 ppm (Leerlauf)
Erhöhte Leerlaufdrehzahl: 2800 - 3200 min-1
CO-Gehalt Last: 0,3 Vol.% (erhöhter Leerlauf)
Lambdawert: 0,97 - 1.03 (erhöhter Leerlauf)

Warten, Prüfen und Einstellen

Intervalle für Zahnriemen: 30.000 km (prüfen)
60.000 km (ersetzen)
Ventilspiel (Einlass): Hydraulisch, nicht einstellbar
Ventilspiel (Auslass): Hydraulisch, nicht einstellbar

Elektrische Anlage

Max. Stromaufnahme Starter: 119 - 145 A
Generatorleistung: 65 Ah / 14 V / 3000 Min-1
Elektrodenabstand Zündkerzen: 0,7 Millimeter
Bordspannung: 12 V, 44 Ah

Fahrwerte

Hier am Beispiel des Opel Kadett E GSi 16V, bei meinem Opel Kadett B habe ich die Werte noch nicht gemessen:

Beschleunig. von 0 - 100 km/h: 7,9 Sek.
(Angabe Opel: C20XE 8,0 Sek., 20XE 7,7 Sek.)
Höchstgeschwindigkeit: 222 km/h
(Angabe Opel: C20XE 215 km/h,

20XE 220km/h)
Elastizität 60 - 100 km/h im 4. G.: 8,4 Sek.
Elastizität 80 - 120 km/h im 5. G.: 12,7 Sek.
Verbrauch: 10,3 Liter/100 km (Euromix: C20XE 7,7 Liter / 20XE 7,5 Liter)

Zylinderköpfe C20XE allgemein

Das Herzstück des C20XE, der Zylinderkopf, ist eine gemeinsame Entwicklung von Opel mit Cosworth in England.

Im Laufe der Geschichte gab es insgesamt zwei Hersteller der Zylinderköpfe: Cosworth (COSCAST) und Kolbenschmidt (KS). Bei den Zylinderköpfen aus dem Hause Cosworth ist es nach Leistungssteigerungen schon mal zu Schäden in Form von Rissen im Bereich rund um den Zündkerzen gekommen, ansonsten gelten die Zylinderköpfe von Cosworth als absolut problemfrei.

Bei Zylinderköpfen von Kolbenschmidt gab es schon mal häufiger Probleme mit gelösten Zylinderkopfschrauben oder aber es kam auch zu den berühmt-berüchtigten "Öl-/Wasserschäden".

Bauformen:

KS 400: Mit mechanischem Verteiler, hat Probleme mit Rissen im Zylinderkopf (Öl-/Wasserschaden)
KS 700: Mit mechanischem Verteiler, hat Probleme mit Rissen im Zylinderkopf (Öl-/Wasserschaden), dieser ist aber geringer aufgetreten
KS 769: ???
KS 859: Mit ruhender Zündung (ohne mechanischem Verteiler), kaum noch Probleme mit Rissen im

Zylinderkopf (Öl-/Wasserschaden)

Die erste Baureihe mit Zylinderköpfen von Cosworth wurde mit Schmiedekolben von Mahle ausgeliefert und hörte sich ein wenig "rau" an. Verbaut wurde er seinerzeit im Opel Kadett E GSI 16V und den ersten Opel Vectra 2000.

Die zweite Baureihe fand man schliesslich im Opel Vectra A 2000, Opel Calibra 16V und dem Opel Astra F GSI 16V. Hier wirkte der Motor insgesamt aber schon ein wenig "gezähmt". Folgende Zylinderköpfe kamen in dieser Baureihe zum Einsatz: KS400, KS700 und COSCAST.

Die dritte und letzte Ausführung wurde verbaut im Opel Astra F, Opel Calibra und Opel Vectra A ab 1993 und ist quasi die "Vor-ECOTEC-Technologie"-Ära (**E**missions- and **C**onsumption **O**ptimization **TECH**nology; Umgangssprachlich "ECO-DRECK" genannt), mit der Bosch Motronic Version 2.8 und den KS859 Zylinderköpfen. Durch die neue, vollelektronische Zündanlage wirkte der Motor insgesamt jedoch etwas schwachbrüstiger.

COSCAST Zylinderkopf

Material Zugfestigkeit:	350 N/mm²
Erkennungsmerkmale:	Kante über dem hinteren Stutzen für den Kühlmittelschlauch, Schriftzug "COSCAST" an der Unterseite des Zylinderkopfes, auf der Auslassseite zwischen dem 2. und 3. Zylinder knapp unter dem Auslasskrümmer
Besonderheit:	Besonders präzise gefertigt, äusserst belastbar, besser verarbeitet im Bereich

des Saugrohrüberganges

Der Zylinderkopf "COSCAST" wurde verbaut in:

Opel Kadett E (C20XE):	1987 - 1989 (350 N/mm²)
Opel Astra F (C20XE/C20LET):	1993 - 199x (350 N/mm²)
Opel Vectra A (C20XE/C20LET):	1993 - 199x (350 N/mm²)
Opel Calibra (C20XE/C20LET):	1993 - 199x (350 N/mm²)

KS Zylinderkopf

Material Zugfestigkeiten:	220 N/mm² 380 N/mm²
Besonderheit:	Material teilweise zu weich, Zylinderkopfschrauben können sich lösen

Insgesamt wird den Zylinderköpfen aus dem Hause Kolbenschmidt (KS) eine höhere Empfindlichkeit nachgesagt. Durch einen Riss im Zylinderkopf kann es zu einem der Eingangs erwähnten "Öl-/Wasserschäden" kommen. Allerdings lässt sich dieser Schaden recht preiswert und dauerhaft (durch eine einzutreibende Metallhülse) reparieren, sodass dieser Schaden in der Regel im Anschluss nicht mehr auftreten wird.

Der Zylinderkopf "KS" wurde verbaut in:

Opel Kadett E (C20XE):	1989 - 1991 (380 N/mm²)
Opel Astra F (C20XE/C20LET):	1993 - 1993 (380 N/mm²)
Opel Vectra A (C20XE/C20LET):	1993 - 1993 (380 N/mm²)
Opel Calibra (C20XE/C20LET):	1993 - 1993 (380 N/mm²)
Opel Astra F (C20XE/C20LET):	1993 - 199x (220 N/mm²)

Opel Vectra A (C20XE/C20LET): 1993 - 199x (220 N/mm²)
Opel Calibra (C20XE/C20LET): 1993 - 199x (220 N/mm²)

Einspritzsystem BOSCH Motronic Version 2.5

Die Bosch Motronic 2.5 basiert auf der bekannten ML4.1 des C20NE Motors.

Folgende Unterschiede: Sequentielle Einspritzung (das heisst die Einspritzventile werden für jeden Zylinder nach der Zündreihenfolge einzeln angesteuert, statt wie vorher alle auf einmal, unabhängig ob das jeweilige Einlassventil geöffnet oder geschlossen ist), Hitzedraht Luftmassenmesser (statt Luftmengenmesser), Klopfregelung für jeden Zylinder

Folgende Bauteile wurden zwar von der Motronic ML4.1 übernommen, besitzen aber am C20XE eine **andere** Einbauposition:

Einspritzventile, Leerlaufdrehsteller, Drosselklappenschalter, Hochspannungsverteiler, Lambdasonde, Diagnosestecker, Kodierstecker Zündung, Temperaturgeber Kühlmittel, Kraftstoffpumpenrelais, Tankentlüftungsventil

Folgende Bauteile wurden von der Motronic ML4.1 übernommen und besitzen am C20XE eine **identische** Einbauposition:

Impulsgeber Kurbelwelle, Kraftstoffpumpe, Wegstreckenfrequenzgeber, Aktivkohlebehälter

Die Motronic M2.5 ist mit dem Tech1 auslesbar und verfügt über eine Eigendiagnose.

Steuergeräte

Alle Motorsteuergeräte der M2.5 sind ohne Wegfahrsperre. Diese wurde erst mit der M2.8 eingeführt.

Folgende Kennbuchstaben (siehe Aufkleber auf dem Motorsteuergerät) findet man in folgenden Modellen:

Opel Kadett E:	FP
Opel Astra F:	GL, PL
Opel Vectra A:	FX, GX
Opel Calibra:	GQ, GY

Fehlercodes Motronic M2.5 und M2.8

Das Auslesen bei der Motronic M2.5 erfolgt über die Motorkontrollleuchte in Form eines Opel-Spezifischen "Morse-Codes". Um diesen "Blinkmodus" zu aktivieren, muss die Reizleitung (Motorsteuergerät Leitung PIN 13 und 55) auf Masse gelegt werden und die Zündung eingeschaltet werden.

Anfangs erfolgt drei Mal mit kurzer Pause hintereinander der Blinkcode "12", im Anschluss folgen die im Fehlerspeicher abgelegten Fehler ebenfalls jeweils drei Mal hintereinander (falls vorhanden), als Abschluss erscheint wieder drei Mal der Code "12".

Der Fehlercode "31" ist übrigens normal beim "ausblinken" bei stehendem Motor, da ja logischerweise kein Drehzahlsignal vorhanden ist.

Liste Fehlercodes

12 = Diagnoseeinleitung

13 = O^2 Sensorkreis offen (Lambdasonde)

14 = Kühlmitteltemperaturgeber Spannung niedrig

15 = Kühlmitteltemperaturgeber Spannung hoch

16 = Klopfsignal Messkreis Sensor oder Leitung

18 = Klopfsignalmodul; Steuergerät ersetzen

19 = Falsches Drehzahlsignal

25 = Einspritzventil Zylinder 1 Spannung zu hoch

26 = Einspritzventil Zylinder 2 Spannung zu hoch

27 = Einspritzventil Zylinder 3 Spannung zu hoch

28 = Einspritzventil Zylinder 4 Spannung zu hoch

31 = kein Motordrehzahlsignal

37 = Endstufendiagnose im Steuergerät

44 = O^2 Sensorkreis Spannung niedrig (Lambdasonde)

45 = O^2 Sensorkreis Spannung hoch (Lambdasonde)

48 = Batterie Spannung zu niedrig

49 = Batterie Spannung zu hoch

51 = Steuergerät oder PROM ersetzen

52 = Kontrolleuchte Spannung zu hoch

53 = Kraftstoffpumpenrelais Spannung zu niedrig

54 = Kraftstoffpumpenrelais Spannung zuhoch

55 = Steuergerät ersetzen

56 = Leerlauffüllungsregelung Spannung zu hoch

57 = Leerlauffüllungsregelung Spannung zu niedrig

61 = Kraftstofftank-Entlüftungsventil Spannung zu niedrig

62 = Kraftstofftank-Entlüftungsventil Spannung zu hoch

65 = LL-CO Poti Spannung zu niedrig (Drosselklappenpotentiometer)

66 = LL-CO Poti Spannung zu hoch (Drosselklappenpotentiometer)
67 = S. Leerlauf Spannung zu niedrig (Leerlaufsteller)
72 = S. Leerlauf Spannung zu hoch (Leerlaufsteller)
73 = Hitzdraht Luftmassenmesser Sensor Spannung zu niedrig
74 = Hitzdraht Luftmassenmesser Sensor Spannung zuhoch
75 = Drehmomentkontrolle Spannung zuniedrig
81 = Einspritzventil Zylinder 1 Spannung zu niedrig
82 = Einspritzventil Zylinder 2 Spannung zu niedrig
83 = Einspritzventil Zylinder 3 Spannung zu niedrig
84 = Einspritzventil Zylinder 4 Spannung zu niedrig
87 = Klima Abschaltrelais Spannung zu niedrig
88 = Klima Abschaltrelais Spannung zu hoch
93 = Hallsensor Spannung zu niedrig
94 = Hallsensor Spannung zu hoch

Eine recht kompakt ausgedruckte Form dieser Liste in einlaminierter Form unter dem Beifahrersitz leistete mir bereits wertvolle Dienste. Damals sprang mir auf dem Hockenheimring die elektrische Kabelleiste von den Einspritzventlien ab und bescherte mir, wenn ich mich recht erinnere, die Fehlercodes "81", "82", "83" und "84".

Das "Ausblinken" erleichterte mir die Fehlersuche ungemein, denn nach kürzester Zeit war ich wieder "auf der Piste".

Die Motorkontrollleuchte befindet sich übrigens bei mir im "nostalgischem Outfit" ganz unscheinbar neben dem Warnblinkschalter, die Reizleitung zum "ausblinken" kann ich komfortabel vom Fahrersitz aus mittels "versteckten" Schalter unter dem Armaturenbrett auf "Masse" legen und somit aktivieren.

Mit Einführung der Motronic M2.8 funktioniert die Blinkcodeausgabe meines Wissens nach leider nicht mehr, hier hilft dann nur noch der freundliche Opelhändler mit dem "Tech1" oder "Tech2".

Anzugsdrehmomente

Bei den Zylinderkopfschrauben die Schraubenlänge unbedingt vergleichen, da ja wie zuvor erwähnt im Zuge der Bauzeit verschiedene Zylinderköpfe verbaut wurden. Im Zweifel eine alte Schraube herausdrehen und vor dem Kauf vergleichen!

Zylinderkopfschrauben:	1.Stufe: 25 Nm 2.Stufe: 65° 3.Stufe: 65° 4.Stufe: 65° 5.Stufe: Motor 15 Minuten laufen lassen 6.Stufe: 30 - 45°
Schwungrad Befestigungsschrauben:	1.Stufe: 65 Nm 2.Stufe: 30 - 45°
Kupplungsautomat am Schwungrad:	15 Nm
Pleuellager:	1.Stufe: 35 Nm 2.Stufe: 45° 3.Stufe: 15°

Bitte **neue** Lagerschalen und Schrauben verwenden!

Hauptlager Kurbelwelle	1.Stufe: 50 Nm 2.Stufe: 30°

Kurbelwellenschwingungsdämpfer: 20 Nm + 40 - 50°

Bitte **neue** Schrauben verwenden und Gewinde einfetten!

Nockenwellenrad: 50 Nm + 60 - 75°

Nockenwellenlager/ -gehäuse: M8-Schrauben: 20 Nm
M6-Schrauben: 10 Nm

Ventildeckel: 8 Nm (entspricht handfestem Anziehen)
Zündkerzen: 25 Nm
Lambdasonde: 38 Nm

Anzugsdrehmomente Ölkreislauf:

Adapter mit Gewindestück an Ölpumpe: 23 Nm (Mit Sicherungsmasse einsetzen)

Halter Ölsaugrohr an Zylinderblock: 6 Nm

Ölablaßschraube an Ölwanne: 55 Nm

Ölfilter an Ölpunpe: 15 Nm

Ölkühlerleitungen an Adapter: 30 Nm

Ölkühlerleitungen an Ölkühler: 30 Nm

Ölpumpe an Zylinderblock: 6 Nm

Ölpumpendeckel an Ölpumpe: 6 Nm

Ölsugrohr an Ölpumpe: 8 Nm

(Schrauben **erneuern** und mit Sicherungsmasse einsetzen)

Ölwanne an Ölpumpe / Zylinderblock: 15 Nm

(Schrauben **erneuern** und mit Sicherungsmasse einsetzen)

Überdruckventil an Ölpumpe: 30 Nm

Verschlussschraube (M20) an Temperaturreglergehäuse: 30 Nm

(Neue Schrauben verwenden!)

Zahnriemenantriebsrad an Kurbelwelle: 250 Nm + 40° - 50°

Prüfwerte

Luftmassenmesser:

Zwischen Klemme 1 (Masse) und Klemme 2 (Masse) Luftmassenmesser: 0 Ω

Zwischen Klemme 2 und Klemme 3 (Signalleitung): 2,5 - 3,0 Ω

zwischen Klemme 2 und Klemme 6: 0 - 30 Ω (Linksanschlag), 900 - 1100 Ω (Rechtsanschlag)

Motortemperaturgeber:

bei 0° C:	4,8 - 6,6 kΩ
bei 20° C:	2,2 - 2,8 kΩ
bei 40° C:	1,0 - 1,4 kΩ
bei 80° C:	0,27 - 0,38 kΩ
Leerlaufregler (bei ca. 15° - 30° C):	ca. 8 Ω
Einspritzventil (schwarzer Sockel):	ca. 16 Ω (Innenwiderstand)
Induktiver Impulsgeber (OT-Geber):	ca. 0,5 - 1,6 Ω (Innenwiderstand)
Kodierstecker (braun, Aufschrift "A", 91/95 Oktan):	470 Ω
Kraftstoffpumpe:	7 - 15 Volt, 60 Liter/Std.

Drosselklappenpotentiometer:

zwischen Klemme 2 und Masse:	0 Ω (Volllast)
zwischen Klemme 3 und Masse:	0 Ω (Leerlauf)
Lamdasonde (bei Betriebstemperatur):	80 - 1000 mV

Und nun zum Sport

Opel Lotus Challenge

Der C20XE wurde kurz nach seiner Premiere auch im Motorsport werkseitig eingesetzt. Opel stampfte 1988 passend dazu eine ganze Rennserie aus dem Boden, die Opel Lotus Challenge.

Dabei wurden Einheitsrennwagen auf Lotus Chassis eingesetzt, welche alle mit dem C20XE Motor ausgerüstet wurden. Um Manipulationen zu vermeiden, kamen die C20XE Motoren nur mit Weber Doppelvergaser Typ 40 DCOE zum Einsatz. Dabei wurden Spitzenleistungen von 170 PS erzielt. In der Rennserie wurde die Leistung (durch eine Reduzierung des Querschnitts der Ansauganlage) aber auf 155 PS gedrosselt. Bei einem Leergewicht des Fahrzeuges von lediglich 450 kg aber auch noch vollkommen ausreichend.

Formel 3

In der Formel 3 begann der C20XE Motor zur Saison 1991 oder 1992 seinen Siegeszug. Als erster Vierventiler wurde der C20XE der erfolgreichste Motor in der Formel 3 und verhalf auch hier der Vierventiltechnik zum Durchbruch. Allerdings in stark modifizierter Form. Die meisten Opel Formel 3 Motoren wurden wohl von der Firma S. Spiess KG umgebaut und hatten eine Nennleistung von etwa 175 PS bei 5000 min-1 (bei einem Drehmoment von 256 Nm bei 4600 min-1).

Dabei gab es folgende Änderungen (Aufzählung unvollständig):

- Motorblock erleichtert und optimiert
- Schwungrad auf 2.43 kg erleichtert, mit Kohlefaserkupplung
- Kurbelwelle erleichtert
- Pleuelstangen aus hochfestem Stahl, gewichtsoptimiert
- 2-Ring Kolben
- Magnesium Ventildeckel
- Bearbeiteter Zylinderkopf
- Massenreduzierter Ventiltrieb
- Krümmer 4 in 1 (mit Lambdasonde!)
- Trockensumpfschmierung
- Optimierte Zusatzaggregate
- Motronic M 1.2, später M 2.2.1

WTCC

In der World Touring Car Championship (WTCC) nutzte auch Chevrolet den C20XE Motor. Vormals im Lacetti, wurde in der Saison 2009 der Chevrolet Cruze mit dem modifizierten C20XE eingesetzt.

Im Lacetti 2005 hatte der Motor folgende Eckdaten:

- 4 Zylinder Sauger
- 2000 ccm
- 198 kW (270 PS) bei 8400 min-1
- 267 Nm bei 5880 min-1

Selbstverständlich wurde der C20XE auch noch in anderen Rennserien eingesetzt. Unter anderem fuhren Opel Teams in der DTM in den Jahren 1988 und 1989 mit dem Opel Kadett GSi 16V.

Aber gerade Privatteams im Rallye- und Rennsport feierten mit diesem Motor viele Erfolge. Hier aber alles aufzuzählen würde allerdings den Rahmen sprengen, daher auch nur diese recht kleine Übersicht.

"Gott ist nicht allmächtig! Weil wenn er es ist, dann soll er zu mir nach Hause kommen und mein Gesicht auf die Tastatur drückmujvbjkuztvzujhnzuzutz..."

(Weisheit aus dem Internet?)

Nachwort

Was soll ich sagen? Die Limo fährt sich richtig gut! Ich möchte eigentlich schon fast behaupten, sie fährt sich sogar besser als mein Alltagsauto!

Im fünften Gang an Steigungen auf der Autobahn herausbeschleunigen und an den "modernen" Autos vorbeizuzischen macht heute gefühlt wesentlich mehr Spaß, als das damals obligatorische "Bergabrasen" um jeden Preis mit voll aufgerissener Drosselklappe, Rückenwind und Polizei im Nacken und zusätzlich noch das sprichwörtliche Messer zwischen den Zähnen. Der Verbrauch liegt trotz alledem bei einigermaßen führerscheinschonender Fahrweise bei lediglich sieben bis acht Liter, trotzdem kommt einem der vierzig Liter fassende Tank recht klein vor. Ein wesentlicher Grund dafür ist, das die Kraftstoffanzeige keinen wirklich brauchbaren Wert kund tut. Sicher keine große Neuigkeit für den einen oder anderen Opel Kadett B Fahrer. Am besten stellt man das Auto auf einer ebenen Fläche ab und lässt es so mindestens drei Tage lang stehen, dann könnte eventuell die Nadel der Tankanzeige aufgehört haben auf- und abzuschaukeln. Ein klein wenig Beruhigung verschafft der nachträglich im Handschuhfach (genauer gesagt von Innen am Handschuhfachdeckel) angebrachte "Tageskilometerzähler" aus den Siebzigern.

Bis zu einem gewissen Punkt fährt die Limo echt wie auf Schienen.

Die dafür mitverantwortlichen Fünfzehnzöller (welche nie für dieses

Auto bestimmt waren) finde ich allerdings insgesamt ein wenig zu groß, sie werden den schon bereitliegenden Vierzehnzöllern gleicher Bauart in nicht mehr allzu ferner Zukunft weichen müssen. Nichtsdestotrotz zeugen mehrere (!) Dreher trotz vorsichtiger Fahrweise davon, mit diesem Auto besser nicht bei Regen unterwegs zu sein.

Bei Sonnenschein verhelfen die hinteren Aufstellfenster (mit speziellen, nicht mehr abfallenden Haltern) zu einer echt angenehmen

Klimatisierung. Die originalen Sitze sind sehr bequem, auch ohne Kopfstützen. Stellen sie doch so dank ihrer Federkerne vermutlich die einzige Möglichkeit dar, die gelben Konis ohne Termin beim Orthopäden ertragen zu können. Ich bin da echt empfindlich mit dem Rücken und

hatte eigentlich noch nie Rückenschmerzen in der Limo, auch nicht nach einer längeren Fahrt. Trotzdem würde ich auch gerne einmal Sitze ausprobieren, die ein wenig mehr Sicherheit vermitteln. Bei den Seriensitzen ohne Kopfstützen und Statikgurten liegt diese wohl so ziemlich genau bei "0" würde ich behaupten.

Auf langer Strecke ist der äußerst lange, fünfte Gang des "Getrag 240" ein echter Segen. Dieser ist mit "0,804" im Vergleich zu anderen Getrieben sehr lang übersetzt. So kann man ganz entspannt mit exakt dreitausend Umdrehungen schön mit hundertzwanzig durch die Prärie cruisen. Das fühlt sich echt gelassen an, ist aber trotz alledem nur sehr schwer dauerhaft durchzuhalten. Denn schließlich ist der nächste Drängler so sicher wie das Amen in der Kirche. Diese kommen vorzugsweise plastikberitten von hinten daher und wollen einem die linke Spur zum Beispiel beim lässigen Überholen eines LKW streitig machen. Der anschliessende Wechsel auf die rechte Spur und die darauf folgende Komplettöffnung der Drosselklappe macht eines relativ schnell klar:

Jetzt darf freundlich zum Abschied gewunken werden!

Es ist halt immer wieder ein absoluter Hochgenuss, mit Hilfe eines vierzig Jahre alten Autos dumme Gesichter zu formen (wie ein kleines Kind mit einem Förmchen im Sandkasten).

Ausserdem finde ich es auch immer wieder erstaunlich, das ich als "popliger" KFZ-Meister etwas auf die Reihe bekomme, was ein Rudel überbezahlter Ingenieure heutzutage nicht einmal mehr ansatzweise schafft:

Ein wartungs- und reparaturfreundliches Auto.

Aber: Wer beschleunigt, muss auch bremsen können. Zu den

Bremsen fällt mir jedoch nicht so viel positives ein, außer vieleicht, das es noch nie so wichtig war, vorausschauend zu fahren. Im Alltag macht die recht kleine, innenbelüftete Bremse möglicherweise noch Sinn, aber...

Wie gesagt: Vorausschauend fahren ist wichtig.

Und falls einmal meine Geschwindigkeitsanzeige ausfallen sollte, kann ich diese ja noch an der Motorhaube "ablesen". Diese hebt sich nämlich, durch den Fahrtwind bedingt, pro gefahrere zehn Stundenkilometer um ca. einen Millimeter an. Klingt wenig, macht aber bei Tempo zweihundert lockere zwanzig Millimeter, was nach Adam Riese satte zwei Zentimeter sind. Und so auf einmal irgendwie nicht mehr nach "wenig" klingt.

Ernsthaft: Erstaunlich gering sind die Lenkkräfte, trotz fehlender Servolenkung und breiten Schlappen. Das kleine Lenkrad des Opel GT ist da sicher auch nicht unbedingt förderlich.

Einzig zu wünschen übrig ließ die Bodenfreiheit, aber dank der neuen Auspuffanlage hat sich jetzt mittlerweile so etwas wie eine "Alltagstauglichkeit" eingeschlichen. Es gibt keinerlei "Aufsetzen" mehr mit dem Katalysator.

Immer wieder witzig ist auch die elektrische Heizung, die unmittelbar nach dem Motorstart (auch bei kaltem Motor) sofort beschlagene Scheiben mit Erfolg bekämpft, der Blick auf das Motorsteuergerät bei geöffnetem Handschuhfachdeckel, der dank Sparausstattung fehlende Zigarettenanzünder, die auf "alt" getrimmte Motorkontrollleuchte neben dem Warnblinkschalter samt "Fehlerausblinkschalter" unter dem Armaturenbrett, dem fehlenden Scheibenwischerintervall, der echt abenteuerlichen Handhabung der mittels Fussdruck pumpenden Scheibenwaschanlage, den tollen Dreiecksfenstern vorne, den niemals bezüglich der Entfernung lügenden, nur links vorhandenen Außenspiegel und, und, und...

Wie auch immer. Ich hoffe das Lesen hat ein wenig Spaß gemacht. Nun wünsche ich viel Spaß beim erneuten lesen, selber umbauen, restaurieren, fahren, putzen, schrauben, sammeln, schwärmen und, und, und...

In diesem Sinne und mit besten Grüßen,

Andreas Kwias

FSC
www.fsc.org
MIX
Papier aus verantwortungsvollen Quellen
Paper from responsible sources
FSC® C105338